CONSEILS EN ACTION

DONNÉS

AUX COCHERS ET AUX CHARRETIERS

ET SUIVIS

D'UNE CONFÉRENCE

SUR

LE CHEVAL

SON HISTOIRE NATURELLE — SES TRAVAUX ET SES SOUFFRANCES
SON UTILITÉ ALIMENTAIRE

PAR

M. DE BEAUPRÉ

Avocat, docteur en droit;
Professeur à l'Association philotechnique,
Délégué du Conseil départemental de la Seine pour l'instruction primaire,
Membre du Conseil de la Société protectrice des animaux.

*L'homme qui frappe un cheval attaché,
est aussi lâche que celui qui insulte à un
malheureux.*

(SENTENCE ARABE.)

PARIS

LIBRAIRIE RELIGIEUSE ET CLASSIQUE

DE CÉLESTIN GAUGUET, ÉDITEUR

18, RUE HAUTEFEUILLE, 18

1868

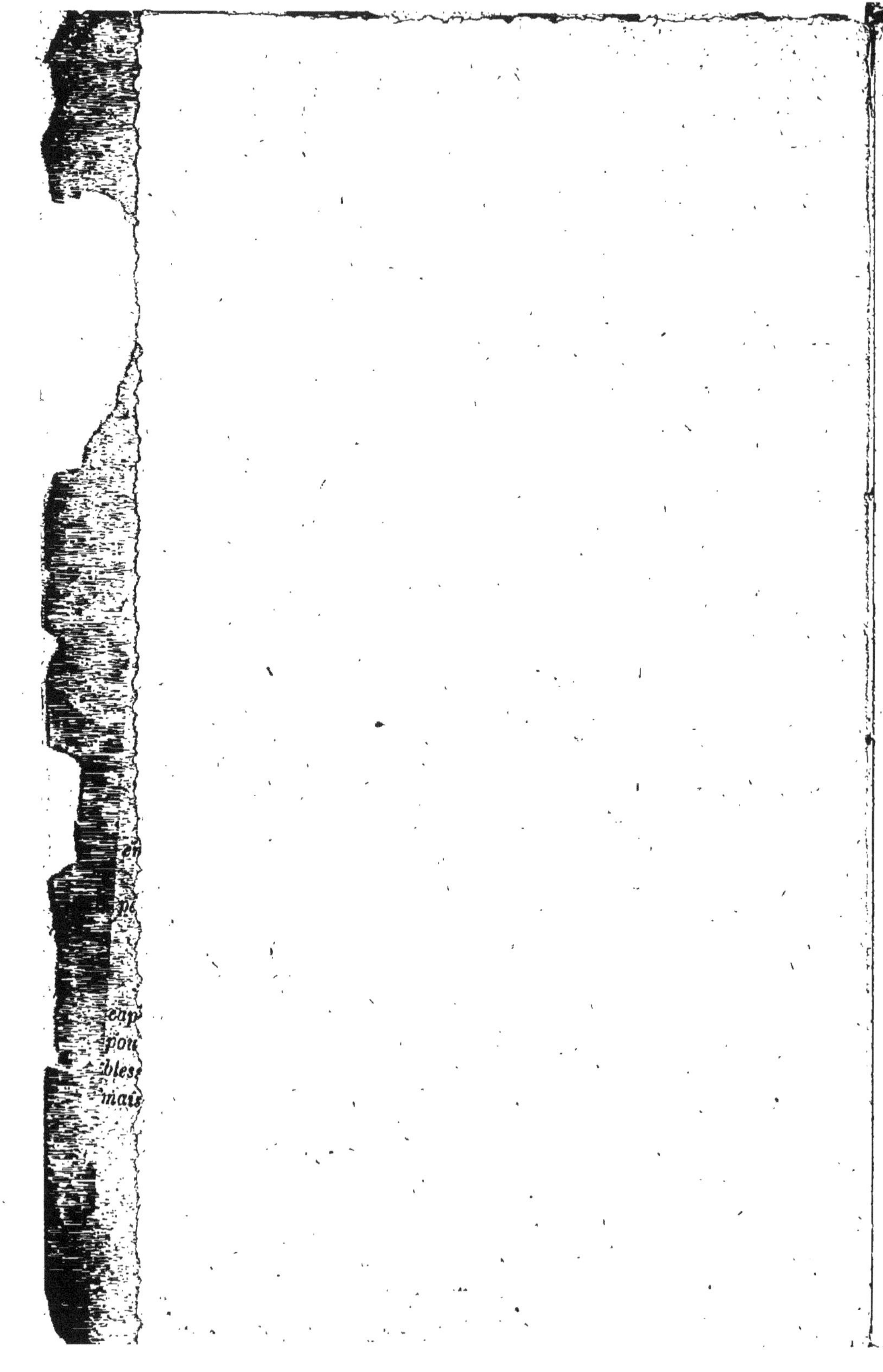

CONSEILS EN ACTION

CONSEILS EN ACTION

DONNÉS

AUX COCHERS ET AUX CHARRETIERS

ET SUIVIS

D'UNE CONFÉRENCE

SUR

LE CHEVAL

SON HISTOIRE NATURELLE — SES TRAVAUX ET SES SOUFFRANCES

SON UTILITÉ ALIMENTAIRE

PAR

M. DE BEAUPRÉ

Avocat, docteur en droit;
Professeur à l'Association philotechnique,
Délégué du Conseil départemental de la Seine pour l'instruction primaire,
Membre du Conseil de la Société protectrice des animaux.

L'homme qui frappe un cheval attaché, est aussi lâche que celui qui insulte à un malheureux.

(SENTENCE ARABE.)

PARIS

LIBRAIRIE RELIGIEUSE ET CLASSIQUE

DE CÉLESTIN GAUGUET, ÉDITEUR

18, RUE HAUTEFEUILLE, 18

—

1868

PRIX

MÉDAILLE D'OR

DE LA

SOCIÉTÉ PROTECTRICE DES ANIMAUX

DÉCERNÉE EN SÉANCE SOLENNELLE

Le 15 Septembre 1867

Dans le grand amphithéâtre de la Sorbonne.

Paris, le 4 septembre 1867.

A MONSIEUR DE BEAUPRÉ

CHER COLLÈGUE ET AMI,

Votre excellent mémoire a remporté le prix du concours. Je suis, comme tous nos collègues, enchanté du travail qui vous mérite cette distinction-d'autant plus honorable qu'elle était plus disputée.

Nul mieux que vous n'a fait un ouvrage à la portée des cochers et des charretiers. Sous une forme simple et attrayante, vous leur enseignez la douceur, et par des faits bien choisis et des conseils bien sentis, vous les entraînez irrésistiblement vers le but que nous nous proposons d'atteindre.

Je vous écris au moment même où l'on vient de rompre le cachet de votre billet, et je laisse la plume aux membres de la Commission, qui tous veulent vous adresser leurs félicitations.

Votre dévoué collègue,

H. BLATIN, D. M. P.,
Président de la Commission.

FÉLICITATIONS BIEN SINCÈRES DE TOUS

LES MEMBRES DE LA COMMISSION :

BOURGUIN, *Président honoraire.* — P.-B. FOURNIER, *Président* (1868). — L. CRIVELLI, *Vice-Président* (1868). — PRUD'HOMME. — Le Dr A. CARTEAUX. — A. SIBIRE, *Secrétaire général* (1868).

C'est surtout aux maîtres, aux patrons, aux entrepreneurs que j'offre ce petit livre en les engageant à être assez soucieux de leurs intérêts pour exiger de ceux auxquels ils sont obligés de confier leurs chevaux, qu'ils en fassent une lecture attentive.

Je souhaite ardemment que les femmes aussi le lisent. Il ne suffit pas que dans l'histoire elles aient à s'enorgueillir de n'avoir jamais inventé un instrument et un engin de douleur ou de destruction, il faut de plus qu'à l'enfant qui reçoit d'elles sa première leçon, elles inspirent, par des sentiments de douceur, une aversion *raisonnée* pour toutes les cruautés inutiles ou préjudiciables auxquelles se livre l'homme ignorant ou désœuvré.

Dans une position modeste, la femme est la première intéressée à ce que l'homme cesse d'être cruel et brutal; car, ainsi que nous le disait naguère, avec une grande vérité, un des plus hauts fonctionnaires de l'État: LE CHARRETIER QUI FRAPPE SON CHEVAL BAT SA FEMME.

Unissons-nous donc tous pour faire disparaître de nos mœurs, ces habitudes honteuses de mauvais traitements envers les animaux, que nous reprochent les étrangers qui viennent visiter la France.

Pensant que c'est surtout par la persuasion qu'on peut ramener à des sentiments durables d'humanité, nous n'avons pas voulu recourir à l'épouvantail des condamnations contenues dans les dossiers judiciaires, d'autant mieux que les punitions suscitent trop souvent des rancunes et des vengeances. Nous rappellerons cependant que les membres de la Société protectrice des animaux sont munis d'une carte approuvée par l'Autorité, qui leur donne le droit de requérir, des agents de la police municipale, la constatation des contraventions à la loi du 2 juillet 1850, dite *Loi-Grammont*.

Juillet 1868.

DE BEAUPRÉ.

CONSEILS EN ACTION

DONNÉS

AUX COCHERS ET AUX CHARRETIERS

Éduquez-moi, mon bon monsieur, en m'amusant.

(CHATEAUBRIAND)

C'était au mois de mai de l'année 1862 ; je me rendais chez un entrepreneur de mes amis, M. Daubert, qui habite dans un chef-lieu de canton aux environs de Paris. En traversant une place plantée d'arbres, j'aperçus un charretier qui s'efforçait de faire entrer à reculons dans une porte cochère, un cheval attelé à une voiture chargée de pièces de vin. Malgré ses efforts, le cheval ne pouvait pousser la charrette qui, indépendamment de son poids exagéré, était arrêtée par la bordure du trottoir. Le charretier furieux frappait le pauvre

1.

animal sur la tête avec le manche énorme de son fouet.

Je m'avançai vers cet homme et lui fis observer qu'il s'exposait par ses mauvais traitements, à être puni d'une amende et même de la prison. Il me répondit brusquement que c'était le moyen qu'il employait d'habitude pour *apprendre aux chevaux à reculer;* et, prenant son fouet à deux mains, ce forcené redoubla ses coups. Bientôt le sang sortit par les naseaux du malheureux animal. Je me récriai d'indignation contre cette sauvagerie. Alors le charretier, abandonnant son cheval, s'élança vers moi et me menaça de *m'en faire autant* si je continuais à m'occuper de ce qui, disait-il, ne me regardait pas. Indignés autant que moi, les passants s'étaient attroupés; la plupart m'offrirent leur témoignage. Je n'avais plus à hésiter : je me dirigeai vers la justice de paix, où je fis ma déclaration.

A quelques jours de là, je fus appelé devant le juge, qui condamna le charretier au *maximum* de la peine; car ce dernier jouissait, dans le pays, d'une réputation de brutalité fort bien établie.

Quelque temps après cet événement, ayant eu occasion de retourner chez mon ami, j'y trouvai le juge de paix. Comme je ne pouvais féliciter un magistrat d'avoir fait son devoir, il me fut du moins bien permis d'applaudir aux paroles éloquentes et persuasives qu'il avait adressées au charretier le jour de l'audience, devant un public vivement impressionné.

— Tous mes collègues, me dit le juge de paix, comprennent l'importance de la loi-Grammont et l'appliquent avec conviction, non-seulement en vue de l'humanité, mais aussi dans l'intérêt des propriétaires d'animaux.

Puis il m'apprit qu'Auzon (1) (c'était le nom du charretier) éprouvait un préjudice considérable de sa condamnation. En effet, il avait été congédié aussitôt par son patron, et depuis, il ne pouvait trouver d'ouvrage que très-difficilement.

— A sa femme, ajouta-t-il, incombe aujourd'hui la charge de soutenir son mari et son petit garçon par un travail au-dessus de ses forces.

Profondément affligé de cette détresse dont j'étais la trop juste cause, je me rendis à la demeure d'Auzon. Je trouvai la femme seule. Lorsque je me fis connaître à elle :

— Ah ! monsieur, que vous nous avez causé de chagrins ! Nous avons été obligés de payer des frais pour nous considérables. Pendant que mon mari

(1) Le fond de l'histoire d'Auzon est vrai. Deux autres anecdotes presque identiques m'ont été racontées l'an dernier ; ce qui prouve que les *actes* des charretiers tournent toujours dans le même cercle.....vicieux.

était en prison (1), il n'a pu gagner d'argent, et, aujourd'hui, personne ne veut plus lui confier de charrois.

— Il m'est possible de réparer tout ce désastre... et si votre mari se laisse guider par de meilleurs sentiments, je vous promets que l'aisance et le bonheur reviendront bientôt dans votre maison. Pourrais-je le voir ?

— Je vais le quérir : il est près d'ici.... chez le marchand de vin.

Dans ce moment, le charretier entra. En me voyant il resta d'abord comme pétrifié.... Puis, ses yeux s'injectèrent de sang, et ses bras se raidirent pour m'exprimer sa haine.

La femme, prévoyant un orage terrible, se mit entre nous.

— Monsieur, lui dit-elle vivement, vient tout exprès pour nous être utile.

— Lui ?

— Oui, moi. Consentez, mon ami, à m'écouter avec calme, sans rancune, et vous me tendrez bientôt la main. Je sais que, par suite de notre rencontre, vous vous trouvez dans la gêne..... Je vous

(1) La loi du 2 juillet 1850, dite loi-Grammont, punit d'une amende de cinq à quinze francs et d'un à cinq jours de prison, ceux qui auront exercé publiquement et abusivement de mauvais traitements envers les animaux domestiques.

apporte donc une petite somme à titre de prêt. Vous me la rendrez quand vous le pourrez, et vous le pourrez quand vous le voudrez ; car je vous procurerai une excellente place ; mais à une condition...

Ainsi que je l'avais prévu, Auzon me tendit la main en souriant. En cet instant, le petit garçon rentra de l'école, et tout surpris de voir son père un sourire sur les lèvres, courut l'embrasser sans crainte.

— J'accepte votre condition que je devine, fit Auzon. C'est celle, n'est-ce pas, de ne plus battre les bêtes, mais au contraire de les traiter, comme a dit M. le juge de paix, *en frères inférieurs ?*

— En effet, c'est là tout ce que j'exige de vous. Tenez, Auzon, faites un retour sur vous-même, et convenez franchement que la brutalité ne vous a jamais porté profit.

— Comment le savez-vous ?

— Eh ! mon Dieu, par l'expérience de tous les jours qui prouve que la brutalité est comme la colère, la conseillère la plus aveugle, la plus violente et trop souvent la plus nuisible.

— C'est vrai, répliqua Auzon. Quand j'étais à l'âge de mon garçon, je n'avais pas de plus grand plaisir que de faire claquer mon fouet et d'en cingler tous les animaux que je rencontrais, surtout les chevaux. Plus tard, lorsque l'administration des omnibus me confia un cheval de volée pour gravir les côtes, j'achetai le plus gros fouet que je pus trouver et j'y fis quatre ou cinq nœuds....

— Et plus les chevaux faisaient d'efforts pour tirer, plus vous les frappiez ?

— Eh, mon Dieu oui ! Un jour, un monsieur qui était sur l'impériale me fit des observations.... Je lui répondis des sottises et continuai à fouailler mon cheval. Le lendemain, sur un rapport qu'avait fait ce monsieur à l'administration, je fus mis à pied.

Oh ! alors, je résolus de me venger.... sur le cheval ; et dès que j'eus repris mon service, je recommençai de plus belle. Malheureusement un autre voyageur porta une autre plainte, et je fus définitivement renvoyé !

— Cette leçon aurait dû vous profiter.

— Vous voyez bien que non, puisque, grâce à vous, j'ai fini par la prison.

— Mais dans l'intervalle ?...

— Oh ! ce qui s'est passé dans l'intervalle n'étant connu que de moi, je n'en rendrai compte à personne ; seulement je dirai que jamais charretier n'a eu la main plus exercée que votre serviteur. C'est peut-être ça qui a fait que je n'ai pu rester long-temps dans la même place.

Cette demi-confidence me fit voir que j'avais devant moi un de ces caractères féroces que l'opinion publique relègue au bas de l'échelle sociale. Cependant, je ne perdis pas l'espoir de le faire renoncer à son odieux passé, en me disant : Une conversion est toujours un triomphe pour une noble cause !

— Puisque vous reconnaissez que votre cruauté a semé autour de vous bien des chagrins, bien des douleurs, et que toujours elle vous a été préjudiciable, ne pensez-vous pas qu'il y aurait folie à ne pas vous laisser conduire par des sentiments tout à fait opposés?

— Ah ! mon ami, fit sa femme dont les yeux brillaient de larmes d'espérance, promets à monsieur de faire ce qu'il te conseille. Nous serons bien plus heureux !... et ton garçon....

L'enfant se jeta au cou de son père, en lui disant : Papa, tu ne nous battras plus, maman et moi... et je te jure que je ne frapperai jamais les chevaux avec le fouet que tu m'as donné. Puis il alla le chercher, en brisa le manche et en coupa la corde par morceaux.

J'embrassai l'enfant et lui glissai dans la main une pièce d'argent pour *fonder* une tirelire.

— J'ai l'intention, Auzon, de vous faire entrer chez M. Daubert : c'est mon meilleur ami.... Vous savez que ses chantiers sont immenses...

— M. Daubert me connait, interrompit Auzon. Plusieurs fois il m'a reproché mes emportements envers mes chevaux... Oh ! jamais il ne voudra m'accepter.

— Les hommes qui se repentent sincèrement, deviennent quelquefois les meilleurs. Entre nous, Auzon, la barbarie est cette cruauté qui provient du défaut d'instruction et d'éducation. Chez vous, je crois qu'elle est seulement le résultat de l'irré—flexion. C'est pourquoi, je vais vous faire un petit code des devoirs de ceux qui sont chargés de soigner et de conduire les animaux, et plus particulièrement les chevaux. Je vous le commenterai, c'est-à-dire que je vous l'expliquerai par des exemples et des considérations qui, en se gravant dans votre mémoire, vous rappelleront sans cesse que la cruauté est, d'un côté, une lâcheté, et, de l'autre, une ineptie par suite des dommages qu'elle cause.

En disant ces derniers mots avec une certaine autorité, je quittai Auzon et retournai raconter à Daubert et au juge de paix le résultat de ma visite chez le charretier. Mon ami me félicita des bonnes dispositions que j'avais inspirées à cet homme; mais il refusa de l'employer dans ses exploitations.

— Tous mes travailleurs, me dit Daubert, ont d'excellents antécédents. Lorsqu'ils entrent chez moi, ils prennent l'engagement de ne traiter mes chevaux et *les leurs* qu'avec la plus grande douceur.

Vous voyez que je suis loin d'approuver ceux de
mes confrères qui exigent une somme déterminée
de travaux, sans s'inquiéter de la somme de fatigues
et de douleurs que la première procure aux chevaux. La plupart de mes charretiers ne se servent
pas de fouet; ils excitent l'ardeur de ces excellents
animaux de la voix et du geste, et les chevaux comprennent avec une rare intelligence, qu'ils sont as-
sociés à nos travaux et qu'ils nous doivent, selon
l'expression de Buffon, leurs services en échange
des soins que nous leur donnons. Arrière donc ces
hommes barbares qui, dans l'insanité de leur pauvre
esprit, s'imaginent que les animaux sont de simples
machines dont les ressorts ne peuvent être mis en
mouvement qu'au moyen de coups incessants, tandis qu'en réalité ces tyrans pratiquent l'énervation
de nos utiles serviteurs par la douleur et le découragement. Ces hommes m'inspirent une horreur
indicible. Ils abaissent le caractère national et nous
attirent une réprobation générale de la part des
étrangers qui expriment hautement leur indignation
lorsqu'ils sont témoins des cruautés qu'exercent les
charretiers dans notre France, où, à bien des titres
pourtant, brille le flambeau de la civilisation. On
a pensé que l'invention des forces motrices de la
vapeur diminuerait les souffrances des chevaux.
C'est une erreur. Plus les forces multiplieront les
rapports industriels et commerciaux, plus les trac-
tions *de détail*, c'est-à-dire de petites communica-

tions, en se multipliant elles-mêmes, nécessiteront l'emploi des chevaux. Il faut donc, pour l'honneur et l'intérêt de l'humanité, que ce *noble ami*, selon l'expression de nos grands poëtes, soit d'autant plus protégé qu'il est appelé à nous rendre de plus nombreux services. C'est une loi de compassion, de justice qu'on ne saurait transgresser sans mériter un châtiment sévère. Si je repousse Auzon, c'est que sa conversion ne serait que de courte durée. D'un charretier de sa trempe

> Chassez le naturel il revient au galop.

— Mais, dit le juge de paix, il a une femme et un enfant qui ne sont pas complices de ses fautes. Et puis, le mauvais naturel ne revient pas lorsqu'il est chassé par de bons exemples, par de sages avis et surtout par l'intérêt personnel bien démontré. Si l'occasion, monsieur Daubert, vous est donnée de dépouiller Auzon du *vieil homme*, acceptez-la. J'ai puni au nom de la loi, je demande grâce au nom de cette humanité dont nous lui reprochons d'avoir méconnu les préceptes.

— Eh bien ! répliqua Daubert, donnez-moi quelques jours de réflexion.

De retour chez moi, je formulai à tout événement, le petit code que j'avais promis à Auzon. Je venais de le terminer lorsque je reçus une lettre par laquelle Daubert m'engageait à me rendre près de lui. Le lendemain de mon arrivée, je l'accompagnai dans la visite qu'il avait coutume de faire, dès le matin, à ses carrières de plâtre. Il me fit remarquer qu'un ouvrier était uniquement employé à combler les ornières et à entretenir dans le meilleur état les routes qui conduisaient au port d'embarquement. Puis il me chargea de rechercher les moyens les plus propres à faciliter la sortie des voitures chargées, soit des carrières, soit des diverses excavations, par exemple celles pratiquées pour les fondements des édifices. Je le lui promis.

— Combien je suis attristé, me dit-il, quand je pense que tous ces travaux merveilleux qui s'exécutent dans les grands centres, sont le théâtre des plus effroyables cruautés. Des ornières profondes et inégales sur des terrains inclinés ou sur des pentes presque escarpées, qu'on laisse se creuser de plus en plus, dans un sol détrempé par les pluies, rendent impraticables les chemins que les malheureux chevaux sont obligés de gravir souvent sans renfort, mais accablés de coups, avec des charges qui seraient exagérées même sur une surface plane. Tout cela se passe sous les yeux de chefs, de maîtres qui feignent de ne pas voir, ou qui sont cuirassés contre les maux et les douleurs qu'ils n'éprouvent pas. Pourtant d'où viendront les nobles enseignements s'ils n'émanent de ceux qui commandent. Quand je vois toute cette vile et inepte férocité qui s'exerce à l'envi, sans obstacle, et dans les chantiers

publics, et dans les chantiers privés, je me prends
à regretter de n'avoir pas une autorité quelconque,
et je souffre d'être réduit à l'impuissance. C'est
plus qu'une faute, alors que retentissent partout ces
mots *instruction* et *éducation du peuple*, de laisser
survivre toutes les turpitudes de la barbarie envers
les animaux domestiques, et de permettre que le
cheval, qui de tous nous rend le plus de services,
soit le plus maltraité.

Rappelons-nous ces paroles de Pythagore :
« Sans les lois qui nous punissent, nous traiterions
nos semblables avec la même ingratitude et la
même cruauté que les animaux (1) ! »

Tout en devisant ainsi, nous arrivâmes près de
l'entrée des plâtrières. Une lourde voiture en sortait
traînée par de magnifiques chevaux qui l'empor-
taient sans efforts apparents.

Le charretier, qui les guidait sans fouet et sans
bruit, en nous voyant les fit arrêter d'un mot prononcé doucement, et après nous avoir salués avec
respect, vint à moi en me disant :

— Ah ! monsieur, que je suis heureux de vous

(1) Notre excellent ami, M. le docteur BLATIN, vice-président
de la Société protectrice, a consacré cinq chapitres de son remar-
quable ouvrage, intitulé : *Nos cruautés envers les animaux*, au
MARTYROLOGE DU CHEVAL. Ce livre devrait être entre les mains
de tous... Les émotions pénibles qu'il fait naître en nous indi-
gnant contre nous-mêmes finiront par nous ouvrir les yeux et
nous rendre meilleurs.

offrir aujourd'hui toute ma reconnaissance et celle de ma famille. M. Daubert a consenti à me prendre sur votre recommandation.

— Eh bien ! Auzon, il vous faut maintenant, lui dis-je en le frappant sur l'épaule, faire oublier le passé et devenir le modèle des charretiers. Pour que cette tâche vous soit plus facile, je vous ai fait le petit code en question ; le voici ; suivez-le religieusement, et vous.....

— Un code, interrompit Daubert, en me le prenant des mains ! Pourquoi faire ?... Mais c'est une idée, ajouta-t-il après l'avoir parcouru ; j'entends qu'il soit lu à tous mes gens, et pas plus tard que demain dimanche, je les rassemblerai à cet effet, dans la salle du grand pavillon.

— Et moi, mon cher Daubert, je discourrai sur chaque article.

Effectivement, le personnel de l'exploitation, auquel s'étaient joints les domestiques de la maison et plusieurs cochers et charretiers étrangers, se réunit le lendemain au lieu indiqué. Je vis avec plaisir que la plupart d'entre eux avaient amené leurs enfants.

Daubert, après avoir, en quelques mots bien sentis, rappelé que l'objet de la réunion était de FAIRE BIEN COMPRENDRE AUX COCHERS ET AUX CHAR-RETIERS QU'ILS ONT TOUT INTÉRÊT A ÊTRE HUMAINS

ENVERS LES ANIMAUX (1), déclara qu'il donnerait chaque année, à pareille époque, une prime de deux cents francs et une médaille d'argent, à celui qui se serait distingué par des soins intelligents et de bons traitements envers les chevaux. Il promit, en outre, quatre médailles de bronze à ceux qui s'approcheraient le plus du premier prix.

L'annonce de ce concours, auquel étaient admis tous les cochers et charretiers du pays, fut accueilli avec une joie vivement exprimée.

Puis Daubert lut deux fois l'article premier du Code, ainsi conçu :

Article premier

Les cochers et les charretiers doivent regarder comme un devoir essentiel, alors que tout le monde cherche à s'instruire, d'apprendre les principes d'hygiène qui concernent les animaux qu'ils sont chargés de soigner et de conduire.

— Nous allons, dans une simple causerie, disserter sur les articles qui vont vous être lus par M. Daubert. Je les ferai imprimer et vous les distribuerai prochainement.

N'êtes-vous pas persuadés, mes amis, que c'est l'ignorance qui rend cruel ? Vous ne vous blesserez

(1) Expressions textuelles du concours de 1868, proposé par la Société protectrice des animaux.

pas si je vous dis sans ambages, que le charretier est généralement regardé comme le type de
l'homme brutal et grossier. Il semble que la civilisation l'ait oublié et qu'il soit resté le dépositaire
de la barbarie des premiers âges. Et pourtant, il lui
serait bien facile, avec un peu d'amour-propre et de
dignité, de racheter cette déplorable réputation. Il
lui suffirait de réfléchir que, du moment où l'expérience prouve que les mauvais traitements abrégent
et détruisent les forces des animaux, et qu'au contraire les soins et les ménagements nous en con-
servent l'usage et la propriété utiles, il n'y a pas à
balancer entre la cruauté et la douceur.

Dernièrement un de mes parents ayant à faire
un voyage me pria de l'accompagner. Il prit sa voiture ; son cocher nous conduisit.

— Il y a longtemps, lui dis-je, que François
(c'était le nom du cocher) est à votre service ?

— Depuis trente ans. C'est un homme excellent ;
il traite ses chevaux avec une douceur admirable.
Vous allez voir bientôt avec quels soins il les gou-
verne.

En effet, lorsque nous nous arrêtâmes dans un
village pour déjeuner, je vis François nettoyer
tout d'abord la tête de ses chevaux couverte de
poussière (car la chaleur était extrême) avec de
l'eau dans laquelle il avait mis un peu de vinaigre ;
ensuite il visita les colliers pour s'assurer qu'ils ne

les blessaient pas, et enfin il souleva chaque pied.

— Que faites-vous là? lui demandai-je.

— Comme une partie de la route est empierrée, j'examine si quelque caillou ne serait point entré dans l'intérieur du sabot. C'est un endroit très-sensible parce que les veines et les nerfs y aboutissent. S'il y avait près d'ici un cours d'eau j'irais mouiller les jambes de mes chevaux jusqu'au ventre. Cela leur ferait le plus grand bien ; car une marche forcée échauffe le pied qui se dilate, et comme la ferrure arrête la souplesse de la corne, il en résulte pour les chevaux des souffrances et quelquefois des maladies difficiles à guérir.

— Vous ne frappez jamais vos chevaux, François ?

— Battre un cheval, s'écria-t-il, pour une faute que souvent nous lui avons fait faire et qu'il ne comprend pas, c'est manquer de justice, et le battre dans son écurie, pour une faute ancienne dont il ne peut plus se souvenir, c'est manquer de raison. Ah ! monsieur, ajouta-t-il, les parents qui frappent leurs jeunes enfants pour ne pas se donner la peine de leur enseigner ce qu'ils doivent faire ou ne pas faire, ne sont pas mieux inspirés.

Ensuite, pour répondre à mes questions, François entra dans des détails que je vous donnerai pendant le cours de cette causerie.

Il ne faut pas croire que les mauvais traitements consistent uniquement à frapper ou à blesser les animaux : ils résultent, sans contredit, du défaut de soins. Ainsi, le fait de leur donner une mauvaise nourriture, de les laisser endurer la faim, la soif, de les exposer longtemps et sans nécessité immobiles à un froid excessif ou à un soleil brûlant, est compris dans les mauvais traitements.

Je n'ose pas vous dire, mes amis, qu'il se trouve quelquefois des cochers et des charretiers assez vils pour spéculer sur la nourriture des chevaux. Les uns vendent l'avoine que les maîtres leur confient ; d'autres gardent l'argent destiné à l'acheter : quelques-uns s'entendent avec des fournisseurs (aussi méprisables qu'eux), pour que ces industriels livrent des quantités de fourrages moindres que celles portées sur les factures. Fournisseurs et cochers se partagent ensuite la différence du prix (1). Ces divers abus de confiance qui sont aggravés par une insigne inhumanité, sont punis par la loi avec d'autant plus de sévérité qu'ils sont commis par des domestiques ou par des hommes de services à gages (2).

Sans entrer dans des détails qui nous conduiraient trop loin, je vous ferai remarquer que les animaux domestiques ont, autant que ceux qui sont

(1) Communication faite à la Société protectrice par M. Si-mme, secrétaire général.

(2) L'article 408 du Code pénal porte la peine de la réclusion.

en liberté, besoin d'air et de lumière, et qu'il n'y a que la routine et l'impéritie qui puissent les en priver dans leur habitation, et les laisser, par spéculation, sur de vieux fumiers dégageant des exhalaisons méphitiques. C'est que, voyez-vous, l'aération est indispensable au jeu régulier des fonctions vitales et aux conditions de bien-être et de santé, qui sont les mêmes que chez l'homme, dont le cheval se rapproche beaucoup par son organisation.

— Vous savez, fit Daubert, comment sont construites mes écuries. Les fosses à fumier en sont assez éloignées, et, au moyen d'un drainage souterrain, les eaux de vidange s'écoulent dans ces fosses. La propreté est autant qu'à l'homme nécessaire aux animaux, surtout au cheval, qui, par nature est de tous le plus propre et le plus sain. Sans doute, tout le monde ne peut pas avoir des écuries aussi bien établies, mais chacun peut du moins observer dans la sienne les principales règles d'hygiène.

Il est incontestable que c'est au défaut d'aération, à la température humide des écuries, aux courants d'air et à la malpropreté qu'entretiennent la paresse ou les préjugés des cultivateurs, qu'il faut attribuer les terribles épidémies qui sévissent sur les animaux. Chez le cheval, le charbon, la morve, le scorbut, les hydropisies n'ont pas d'autres causes. Je lis l'article deux.

Art. II.

Le charretier doit proportionner le chargement aux forces de l'animal et tenir compte de la longueur du trajet, des inconvénients des saisons, de l'état des routes, de la difficulté des côtes et des descentes. Il aura soin d'équilibrer la charge de manière qu'elle n'accable ni n'enlève le limonier.

— Mes amis, repris-je, tout charretier intelligent, et soucieux de ses propres intérêts ou de ceux de son maître, devra régler les exigences du travail sur cette donnée approximative, que le cheval est en moyenne sept fois plus fort que l'homme (1).

Si donc nous observons ce dernier dans ses travaux les plus pénibles, nous le voyons obligé de s'arrêter et de se reposer souvent, de mesurer et d'essayer ses forces. Le cheval au contraire, qui ne peut exprimer ce qu'il ressent, est contraint par la violence au delà du possible. On le ménage moins qu'une machine dont la puissance est déterminée et jamais outre-passée afin de ne la pas briser. Mais le charretier ne calcule rien : il exige, il frappe, il use, il détruit... s'il voulait comprendre que les forces organiques de l'animal ont des bornes, il les conserverait en ne s'en servant qu'avec sagesse, c'est-à-dire avec humanité.

(1) L'auteur s'est renseigné à cet égard auprès d'un savant médecin vétérinaire.

Les coups de fouet donnés tantôt à l'un, tantôt à l'autre des chevaux d'un attelage ont pour fâcheux résultat de leur faire faire, à tour de rôle, des efforts séparés et individuels, et par conséquent de les empêcher de tirer ensemble avec ce même élan et ce même accord qui sont indispensables pour compléter leurs forces de traction. Mais le limonier a droit à des égards et à des ménagements particuliers. Sa tâche est non-seulement la plus pénible, mais elle devient souvent une torture qui l'use vite. Il lui faut maintenir l'équilibre de la charrette ; si la charge est trop en avant, elle l'écrase, elle le brise ; si elle porte en arrière de l'essieu, elle l'enlève en lui comprimant la poitrine. Dans cette alternative incessante de souffrances, n'exigez pas qu'il tire... c'est bien assez que dans les descentes, il soit exposé à retenir seul tout le poids du défectueux véhicule. Ne le frappez donc jamais : rassurez-le au contraire, guidez-le avec adresse et surtout prenez garde que les autres chevaux n'ajoutent à ses angoisses en tirant inutilement quand le sol est incliné.

Les charrettes à deux roues devraient être supprimées parce qu'elles offrent les plus graves inconvénients (1). Voyez ces grosses voitures qui trans-

(1) De même que le cabriolet, voiture à *deux roues*, a complétement cessé d'être en usage, de même on a droit d'espérer du bon sens des cultivateurs et des entrepreneurs de transports, la suppression définitive des charrettes à deux roues. Dans ceux

portent d'énormes blocs de pierre, ne vous semble-t-il pas, dans les descentes, que les reins du malheureux limonier qui se ploient affreusement, vont se briser ?.... Ah ! s'il pouvait parler, il vous dirait combien il souffre, frappé pendant des journées entières, sans trêve ni repos !... il vous dirait que la fatigue, l'épuisement, la douleur et le découragement lui conseillent de se laisser abattre... C'est ce qui arrive souvent. S'il n'est pas tout à fait mort, le charretier, aidé d'officieux stupides, le frappe à coups redoublés pour le faire relever. On a vu des hommes se servir de pierres!... de couteaux!... Passons, mes amis, à un autre article.

J'entendis un murmure parmi l'auditoire ; et un cocher s'écria : « Ça fait du mal rien que d'y penser. C'est de la férocité. »

Art. III.

Il est essentiel que le cocher et le charretier se fassent une règle d'aimer leurs chevaux, de s'en faire aimer et comprendre. Ils doivent les animer sans brusqueries, les encourager sans vociférations et les guider sans saccades.

— Pourquoi, en effet, n'aimerions-nous pas un

de nos départements où l'instruction primaire a fait le plus de progrès, on ne se sert plus que de *chariots* ou *voitures* à quatre roues.

être qui est susceptible d'attachement ; qui de tous les animaux est le plus beau, le plus intelligent ; qui nous rend le plus de services et nous procure le plus d'agréments? Nous n'avons pas besoin des naturalistes pour savoir qu'il se laisse mener docilement, qu'il se plaît et s'excite au travail, et que souvent, comme a dit Buffon, *il meurt pour mieux obéir*. Nous le voyons à l'œuvre tous les jours, dans les cirques, les hippodromes, les chantiers, les fermes, sur les routes, sur les champs de bataille. Sans lui, l'homme aurait-il pu accomplir tous les prodiges de sa civilisation? évidemment non. Mais lui, qui ne reçoit, en échange de son indispensabilité, qu'un long martyre, quel besoin a-t-il de l'homme pour vivre? aucun. Cela est si vrai qu'au milieu des steppes de l'Asie et des savanes de l'Amérique, il bondit dans tout le développement de ses belles formes, et dans toute l'énergie de la liberté dont il est le symbole. En l'asservissant pour notre utilité, cessons donc de le faire souffrir, toujours souffrir, si ce n'est par reconnaissance que ce soit du moins dans nos intérêts; car il est reconnu que sous la pression de l'homme, le cheval vit, en moyenne, moitié moins de temps qu'à l'état sauvage. Encore un coup, c'est que les douleurs sont destructives des forces morales et physiques !

— Bravo ! s'écria Daubert.

Et les applaudissements de mes auditeurs me

firent voir que j'avais conquis à notre plus précieux serviteur, les sympathies qu'il mérite à tant d'égards.

— Devant toutes ces qualités, pourquoi se livrer à des vociférations et à des hurlements qu'aucun animal ne pousse aussi désagréablement? Pourquoi s'emporter en imprécations interminables qui donnent raison à ce triste proverbe : *jurer comme un charretier.* Ne devrait-on pas comprendre que tout ce bruit de voix et de fouet scandalise les passants et ahurit les chevaux.

Dans plusieurs villes, l'autorité interdit comme tapages et bruits nocturnes ces formidables cris et coups de fouets que les charretiers se font un malin plaisir de faire entendre sans discontinuation, pour troubler, pendant la nuit, le sommeil des habitants des localités où ils passent (1).

Que le charretier exerce donc son état comme tout le monde, avec une activité calme et une patience énergique, et il sera aussi honorable, aussi estimé que tout autre. Tant vaut l'homme, tant vaut le métier.

(1) Les articles 479, n° 8, et 480, n° 5, du Code pénal punissent d'une amende et de l'emprisonnement ces bruits ou tapages nocturnes.

Art. IV.

Les cochers et les charretiers ne doivent jamais frap-
per leurs chevaux par surprise pour les faire par-
tir. Avant de donner le coup de fouet, il faut, sauf
le cas d'encombrement, avertir l'animal, s'assurer
s'il a compris l'avertissement, et ne le châtier,
dans de justes limites, qu'autant qu'il fait preuve
de mauvaise volonté.

— Remarquez-vous ce charretier qui s'est arrêté
au cabaret, laissant son cheval à la pluie, au froid
ou au soleil ? Il n'a même pas eu l'attention de
mettre la chambrière pour soutenir le brancard
trop pesant. Le cheval immobile s'est alourdi dans
un demi-sommeil, sous le poids d'un attirail inutile,
d'un collier énorme et d'un harnachement com-
pliqué. Lorsque ce charretier juge à propos de se
remettre en route, il lance à tour de bras de vigoureux coups de fouets, accompagnés d'effroyables
jurements. Quelquefois les coups sont donnés parce
que le cheval hennit, ou parce qu'il remue, ou
parce qu'il tourne la tête, tourmenté sans doute
par des mouches. Il n'est pas rare de voir des charretiers qui, pour bien préparer les chevaux à tirer,
commencent par leur *administrer* une volée de coups
de fouet. Et mieux encore, ils se réunissent plusieurs

pour cette exécrable préparation. Lorsqu'un pauvre cheval fait un faux pas, souvent par la mauvaise direction que lui imprime le cocher, ou qu'il tombe sur ses genoux, ou qu'il s'abat, au lieu de soulagements, il reçoit une grêle de coups.

Ne pensez-vous pas comme moi, mes amis, qu'il est temps de mettre un terme à ce dévergondage de mœurs barbares.

Je vais vous donner quelques conseils pour les cas où les chevaux font des chutes. Ces conseils, je les tiens moi-même d'un praticien dont le talent et l'expérience ont la plus grande autorité (1).

Si c'est un cheval de selle qui s'abat, il faut que le cavalier l'aide à se relever en lui soutenant la tête au moyen de la bride et en l'empêchant ainsi de se la frapper contre le sol durci ou contre les pavés. Il peut se faire que le cheval tombe dans une cavité et que le corps se trouve plus bas que les jambes. Dans ce cas, il est prudent de niveler le terrain en comblant la cavité afin que l'animal puisse prendre pied sans faire des efforts qui pourraient lui causer des lésions extrêmement graves.

Lorsque c'est un cheval attelé aux limons qui tombe, le premier soin d'un guide bien entendu doit être de maintenir avec la bride la tête de l'animal

____

(1) M. LEBLANC, vétérinaire, membre de l'Académie de médecine, et vice-président de la Société protectrice des animaux.

sur le sol, pour prévenir l'agitation excessive des membres. Puis il détache promptement les traits et la dossière, déboucle les courroies de la sous-ventrière et ouvre le collier. Dès que le harnachement est enlevé, le charretier s'empresse, secondé par les assistants qui font rarement défaut, « de dégager le cheval des limons, soit en le déplaçant, soit en reculant la voiture, soit en la soulevant; » alors et sans le frapper il l'excite de la voix et l'aide à se relever, en lui soutenant la tête, comme je vous l'ai déjà dit.

Ces chutes n'arrivent pas sans que les chevaux soient plus ou moins grièvement blessés. C'est alors au charretier ou au cocher de se transformer en infirmier compatissant, adroit et intelligent. Il arrêtera le sang en serrant fortement la blessure avec un mouchoir ou avec des sangles, voire même avec des lanières.

Il serait prévoyant d'avoir toujours des linges et des cordes sous la main, surtout lorsque la saison ou l'état des chemins offrent des dangers.

J'ajouterai qu'il sera d'un bon cœur de caresser l'animal souffrant pour le consoler et pour ranimer son courage plutôt que de le frapper odieusement pour le punir d'accidents dont il n'est pas la cause, mais dont il est la première victime.

Art. V.

Les charretiers s'abstiendront toujours de frapper le cheval de trait quand il tire ardemment. Dans tous les cas, ils doivent s'interdire de la manière la plus formelle, de se servir du manche du fouet et de faire des nœuds à la corde.

— C'est le comble de la stupidité de frapper un cheval dont les muscles sont tendus par de vigoureux efforts. On arrive tout simplement à l'énerver et par conséquent à le ruiner.

Nous pouvons juger par le cheval de luxe des souffrances inouïes qu'endure le cheval de trait. Que la mèche du fouet effleure légèrement le premier, tout son corps frémit convulsivement. Quant au second, on a calculé qu'il recevait par jour, en moyenne, de quatre à cinq cents coups de fouets noueux dont le claquement seul est insupportable. Puis, quand il devient vieux, on l'accable d'autant plus que ses forces, en diminuant peu à peu, le réduisent à rendre moins de services. Oh! quand nous sommes vieux, nous... n'éprouvons-nous pas des fatigues et des impuissances de toute sorte qui nous réduisent à l'inaction !... Croyez-vous donc que la vieillesse du cheval, causée par un travail constamment au-dessus de ses forces et par les plus mauvais traitements, n'est pas une décrépitude prématurée digne d'un peu de compassion !!

Art. VI.

Les charretiers prendront un ou plusieurs chevaux de renfort toutes les fois que les voitures seront engagées dans des ornières, des cailloutages, ou des montées. Ils feront souffler les chevaux de temps en temps, et toujours sur le haut des côtes. On ne doit jamais faire reculer le cheval, si ce n'est en cas de nécessité absolue.

— Je voudrais, continua Daubert, qu'on ajoutât à cet article, que les charretiers qui conduisent leurs propres chevaux seront tenus d'insérer dans leur traité avec les exploitants, que ces derniers devront entretenir en très-bon état les chemins particuliers qui desservent leurs travaux. Ce serait une fameuse leçon donnée à la plupart de mes confrères, dit-il en souriant.

J'applaudis à cette idée avec nos auditeurs, et je continuai.

— Mes amis, lorsque nous montons des côtes, même sans fardeau, nous sommes fatigués ; nous prenons haleine, quelquefois nous nous asseyons. Eh bien ! jugez par comparaison de quelle lassitude doivent être excédés les pauvres chevaux qui ont déjà fait, sans se reposer, une longue route presque toujours avec une charge exagérée. Cependant, dès qu'ils sont parvenus au haut d'une montée, on presse leur marche immédiatement. Mais les frondeurs qui réduisent tous les sentiments d'humanité en sensiblerie comme certains philosophes du xviie siècle, viennent dire que l'homme ne peut être comparé aux bêtes même les plus parfaites. Pourtant, nous sommes forcé de convenir qu'il y a bon nombre de bêtes qui ont plus d'esprit et plus de raison que bien des gens. Je regrette que le temps ne me permette pas de vous en donner des preuves. Mais, il n'est pas un homme instruit et impartial qui ne reconnaisse que les animaux sont, comme nous, organisés pour le plaisir et pour la douleur. Leurs sensations sont aussi vives que les nôtres, et, par une répartition équitable, par une suprême justice, plus leurs jouissances sont étendues, plus aussi leurs souffrances doivent être cuisantes (1).

Le reculement se fait souvent dans des conditions tellement déraisonnables qu'il devient un mauvais traitement. Ainsi, on exige du limonier qu'il pousse *seul* à reculons la même voiture que plusieurs chevaux avaient peine à tirer en avant! Pour obtenir de lui l'impossible, on lui détraque la mâchoire en agitant

____

(1) *Les Misères des animaux*, par M. le docteur Fée, page x.

convulsivement le fer que le cheval a le privilége, parmi tous les animaux domestiques, de *mordre* pendant la moitié de sa vie. Quand le mors ne suffit pas, on frappe sur les naseaux avec le manche du fouet.

A ces derniers mots, Auzon cacha sa tête dans ses deux mains.

Art. VII et dernier.

En somme, le cheval doit être traité comme un ami intelligent, comme un serviteur fidèle et dévoué, comme l'auxiliaire le plus puissant et le plus indispensable de nos travaux. Le cocher et le charretier doivent donc être eux-mêmes assez intelligents pour comprendre la nécessité absolue de bien traiter leurs chevaux.

Vous savez le proverbe, mes amis : *Qui veut voyager loin ménage sa monture* (1). Ajoutons qu'il ménage aussi sa bourse. Si le jardinier habile donne à ses plantes des soins ingénieux pour qu'elles lui rapportent de beaux et bons fruits... que ne devront pas faire à plus forte raison les cochers et les charretiers, pour rendre leurs chevaux de plus en plus capables de leur fournir de bons et *longs* services !

(1) Racine.

A mon tour , voulant *ménager* votre attention ,
je ne dois pas prolonger cette causerie ; toutefois ,
comme ce sujet est fécond en faits touchants , en
anecdotes variées, je ferai un petit livre où je les
consignerai à votre intention. Mais en attendant je
vais vous raconter une historiette qui vous prou-
vera, entre mille, non-seulement l'intelligence du
cheval, mais aussi ses bons sentiments.

Un riche fermier avait dans ses écuries un cheval
aveugle âgé de 40 ans , qui avait été sa première
monture. Ils avaient été jeunes ensemble ; ils avaient
vieilli l'un portant l'autre. Le bon fermier donnait
à son vieux compagnon les invalides. Il l'accablait
de caresses et de soins, et lui préparait lui-même,
chaque jour, une nourriture particulière, car le
pauvre animal avait les dents si usées qu'il ne
pouvait plus broyer ni le foin ni l'avoine. Le cheval
reconnaissait son maître à la voix, et il hennissait
dès qu'il l'entendait. Un jour que le fermier avait
tardé à venir lui apporter sa ration, il fut étonné de
le voir manger comme à l'heure ordinaire de son
repas. Mais quelle ne fut pas son émotion quand il
s'aperçut que les autres chevaux prenaient une por-
tion de leur pitance, la broyaient et la déposaient
ainsi toute préparée dans la mangeoire du vieillard.

N'a-t-on pas raison de dire, mes amis, que la
Providence se sert des animaux pour instruire les
hommes ?

On a souvent parlé de chevaux vengeurs ; ils sont rares.... Je ne crois pas que le cheval soit vindicatif ni pour lui, ni pour ses compagnons maltraités. Il laisse ce plaisir à l'homme qui en use largement et qui y joint celui de la cruauté et de la destruction.

C'est avec regret que je suis forcé de parler défavorablement de la plupart des cochers de *grandes maisons*. Peu surveillés, ils se montrent, en présence des maîtres, d'une douceur hypocrite... mais dans le *secret* de l'écurie, ils se livrent à une brutalité qui n'est que trop souvent d'un funeste exemple pour les jeunes gens qui s'y trouvent employés.

Avant de nous séparer, laissez-moi, je vous prie, vous parler en deux mots de la fameuse loi-Grammont, et vous en indiquer la haute portée. Cette loi, qui a été rendue le 2 juillet 1850, protége les animaux au point de vue de l'humanité. Elle rappelle à l'homme ses devoirs envers les animaux, dont Dieu lui a promis d'user et non d'abuser. Elle épure le cœur de l'homme de cette insensibilité qui est le partage de l'ignorance et de l'inintelligence, elle le dépouille de cette barbarie sauvage qui le maintient en état d'hostilité envers ses semblables. Et quoiqu'elle soit trop peu sévère, c'est une de celles qui font le plus d'honneur à notre temps, parce qu'elle est une des plus moralisatrices de notre admirable législation !

Sans doute, en protégeant les animaux *pour eux-mêmes*, la loi-Grammont conserve indirectement les animaux à leur propriétaire ; mais il appartient au Code pénal, qu'elle complète pour ainsi dire, de garantir le respect dû à la propriété (1). Ainsi, celui qui empoisonne un cheval est puni de cinq ans de réclusion, et celui qui le tue volontairement peut être condamné à six mois de prison, sans préjudice, dans l'un et l'autre cas, d'amendes, de restitutions et de dommages-intérêts.

Vous êtes tous indignés contre les voleurs... et vous avez mille fois raison ; car, autrefois, on les punissait de mort. Eh bien ! celui qui, sciemment et méchamment, détériore la chose d'autrui jusqu'à en causer la perte plus ou moins éloignée, est bien près de celui qui la soustrait. Si vous ajoutez à ces abus de confiance l'humanité outragée, vous tiendrez à honneur de vous faire les protecteurs sincères des animaux. N'éprouvez-vous pas de l'estime et même un certain respect pour ces braves cochers et charretiers qui reçoivent des récompenses de la Société protectrice des animaux ?

Imitez-les : surpassez-les, vous le pouvez. Vos intérêts et votre bonheur vous le conseillent : la raison et votre dignité d'honnête homme vous en font un devoir !

J'avais à peine terminé que mes auditeurs vinrent me serrer la main et protester à l'envi de leurs bonnes dispositions à l'égard des animaux.

(1) Articles 452-455 du Code pénal.

CONCLUSION

Un jour de décembre, Auzon conduisait un tombereau de sable. Ayant glissé, il tomba devant la roue. Comme la route était en pente, le cheval, comprenant que ses efforts ne suffiraient pas pour retenir la voiture, se détourna sur le milieu de la chaussée, avec une présence d'esprit qu'on peut justement appeler *incroyable*, puisqu'il est convenu que les bêtes ne peuvent en avoir. Auzon se releva vivement, sauta au cou de son cheval et l'embrassa en l'appelant son frère, son ami, son sauveur. « Je t'ai bien donné, en cachette et par habitude, quelques coups de fouet, lui dit-il en le caressant de nouveau, mais je te jure que de ma vie tu n'en recevras de moi. » Auzon a tenu parole et le cheval n'a cessé de bien travailler à la voix de son maître (1).

Cette aventure détermina la conversion complète d'Auzon. La seconde année il obtint une médaille, mais la troisième, la prime de 200 francs lui fut attribuée par le suffrage unanime de ses camarades.

(1) Historique.

En outre, il eut l'honneur d'être représenté sur l'enseigne du marchand de vin le plus achalandé du pays, caressant un cheval libre avec ces mots : AU BON CHARRETIER !

J'avais promis un livret de caisse d'épargne de 50 francs pour récompenser l'enfant des écoles du pays qui ferait acte d'humanité envers les chevaux. Cette récompense ne fut décernée qu'en 1867, dans les circonstances suivantes.

Par la maladresse d'un charretier aviné une voiture se trouvait engagée dans une partie de cailloutage. Comme le cheval ne pouvait démarrer, le charretier le frappait sans relâche. Dans ce moment, les enfants sortaient des écoles. L'un d'eux, âgé d'environ 12 ans, s'avança vers cet homme pour lui faire entendre raison. Le charretier le reçut en lui allongeant un coup de fouet. Aussitôt tous les enfants poussèrent des cris perçants, et quelques personnes, attirées par ce bruit, s'emparèrent du forcené et lui ôtèrent son fouet. Pendant ce temps et malgré sa douleur, l'enfant alla demander à un voiturier qui passait de lui prêter un cheval. Ayant d'abord éprouvé un refus, il tira de sa poche une pièce de un franc qui composait tout son pécule et obtint le cheval de renfort. Dès qu'il l'eut attelé, il le caressa, ainsi que le pauvre martyr, puis il donna le signal du départ en guidant le premier par la bride. Le tombereau fut bientôt remis en bonne

voie aux applaudissements des témoins de cet acte
d'énergie. Alors le charretier dégrisé demanda qu'on
lui rendit son fouet...; mais le généreux enfant lui
répondit fièrement que, *sur son ordre*, ses camarades étaient allés le déposer chez le commissaire de
police.

Quelques mois plus tard, à la distribution des
prix des écoles communales, lorsque Auzon entendit appeler son fils pour recevoir des mains du
juge de paix, président, la récompense du courage et de l'humanité, il s'écria : « Enfants, vous
» êtes heureux, vous à qui l'on apprend aujour-
» d'hui à être humains ! »

CONFÉRENCE

SUR

LE CHEVAL

Première partie :

SON HISTOIRE NATURELLE

Deuxième partie :

SES TRAVAUX ET SES SOUFFRANCES

Troisième partie :

SON UTILITÉ ALIMENTAIRE

3.

M. le Président de l'Association Philotechnique de Boulogne et de Saint-Cloud, connaissant le dévouement tout particulier de M. de Beaupré à la protection du cheval, lui proposa de faire une Conférence sur ce sujet. C'était, de la part du premier magistrat de Boulogne, affirmer d'une manière infiniment courtoise, les idées moralisatrices et les appliquer à l'éducation de la jeunesse. La Conférence eut lieu le 6 juin 1867. Le succès qu'elle obtint atteste que cette jeunesse *n'est pas sans pitié*, et qu'au contraire elle se plaît aux émotions de l'humanité quand on parle à son cœur.

Le 16 mars de cette année, la même Conférence a été faite à Suresnes. Organisée avec autant d'intelligence que de dévouement par le directeur de l'Association Philotechnique, elle a pris les proportions d'une fête publique, à laquelle les dames en grand nombre et les notables du pays se sont rendus avec empressement, afin de témoigner par leur présence, leurs sympathies au conférencier et à *son héros*. Par une attention délicate, la fanfare était venue alterner avec les différentes parties de la Conférence.

Enfin, cette *causerie* a eu lieu de nouveau, le 5 avril dernier, au *Cercle des Maçons* établi dans la Mairie du 5ᵉ arrondissement. Là, le conférencier a obtenu les plus vives adhésions, lorsque, s'adressant à ces braves travailleurs, il les a pour ainsi dire revêtus de la toute-puissance des bons conseils à l'égard des charretiers, avec lesquels ils sont en rapport sur les nombreux chantiers de construction.

C'est en présence de ces faits, que nous avons engagé M. de Beaupré à rédiger sa Conférence, afin de l'ajouter à ses *Conseils en action*. Nous avons l'espoir que cette publication, toute de moralisation, recevra du public l'accueil le plus favorable.

L'éditeur, C. GAUGUET.

LE CHEVAL

1º SON HISTOIRE NATURELLE

2º SES TRAVAUX ET SES SOUFFRANCES

3º SON UTILITÉ ALIMENTAIRE

Tel est le titre d'une conférence, ou plutôt d'une causerie, que j'ai faite plusieurs fois, et que je vais resserrer de manière à présenter la monographie succincte, mais complète de cet animal, qui est incontestablement l'auxiliaire le plus indispensable de l'activité humaine.

J'éprouve en voyant frapper un cheval deux sentiments opposés : l'un de commisération en faveur d'un animal rempli des plus précieuses qualités, l'autre d'irritation et même de répulsion contre l'homme assez dépourvu de raison pour se faire une habitude de la cruauté. Puissé-je acquérir à mon héros toutes les sympathies de mes lecteurs, comme je lui ai obtenu les manifestations les plus bienveillantes de mes auditeurs !

PREMIÈRE PARTIE

HISTOIRE NATURELLE DU CHEVAL

> Est-il dans la nature, un anima
> plus beau et meilleur ?
> PLINE.

Pour connaître le degré élevé que le cheval occupe dans l'échelle des êtres, il nous faut savoir que le règne animal est divisé par les naturalistes, en quatre grands embranchements qui se rapportent à quatre types principaux, d'après lesquels tous les animaux semblent avoir été modelés.

Le premier embranchement, ou première division, comprend les animaux *vertébrés* (1).

Ce groupe renferme tous les animaux dont la conformation est la plus compliquée, et dont les facultés plus nombreuses présentent le plus de perfection. Le corps des vertébrés est soutenu par une charpente solide appelée squelette. Les pièces dont elle se compose sont liées par des os anguleux, épais

(1) Le second comprend les *Mollusques*, c'est-à-dire les animaux dont le corps est mou, comme les limaces, les huîtres, les moules, etc.—Le troisième comprend les *Articulés*, c'est-à-dire les animaux dont la peau présente une série d'anneaux articulés entre eux, tels sont les vers de terre ou lombrics, les sangsues et les insectes dont on compte plus de cinquante-deux mille espèces. — Le quatrième, les animaux *rayonnés* et animaux-plantes, tels que les vers intestinaux, les polypes, les éponges, etc.

et courts, qu'on nomme vertèbres (1). Ces os, emboîtés les uns dans les autres et doués de mobilité, forment la colonne vertébrale.

Les animaux vertébrés se subdivisent en quatre classes :

1° Les MAMMIFÈRES ;
2° Les OISEAUX ;
3° Les REPTILES ;
4° Les POISSONS.

La première classe, celle des mammifères, la seule dont nous ayons à nous occuper ici, comprend l'homme et les animaux qui se rapprochent de lui par les points les plus importants.

Les mammifères, ou porte-mamelles, naissent vivants et sont allaités par leur mère dans les premiers temps de leur vie. Comme ils se distinguent par la multiplicité et la précision de leurs mouvements, par la délicatesse de leurs sensations et par le développement de leur intelligence, ils sont de droit, placés au premier rang des êtres créés.

L'organisation de l'homme, comparée à celle d'un grand nombre d'autres mammifères, ne présente que des dissemblances peu importantes; mais ce qui le différencie éminemment, c'est une intelligence supérieure, c'est la parole, c'est le don de

(1) Du latin *vertere*, tourner.

contempler les cieux. Seul il est bimane, c'est-à-
dire que seul il possède des mains aux extrémités
antérieures.

Le cheval offre aussi cette particularité, qu'il forme
l'unique genre connu des *solipèdes*, ou animaux
dont chaque pied se termine par un seul doigt ap-
parent, nommé corne ou sabot. Les espèces de ce
genre sont l'âne (1) et le zèbre.

La domesticité du cheval est le plus beau triomphe que l'homme ait jamais remporté sur la nature
vivante. Il s'est acquis un serviteur accompli qui se
distingue par son intelligence, par sa docilité et par
la beauté de ses formes. Les poëtes du désert célè-
brent son œil brillant et plein de feu qui excite au
courage; sa crinière ondoyante qui flotte au vent
comme la longue chevelure de Cadige (2); ses mœurs
douces qui en font un compagnon fidèle, et son
attachement à celui qui le flatte, le dresse et le
nourrit.

L'affection toute fraternelle que les Arabes portent à leurs chevaux est fondée, non-seulement sur
l'utilité que leur vie nomade leur fait trouver dans
la course rapide de leurs coursiers, mais principale-
ment sur une ancienne croyance qui attribue au
cheval des sentiments élevés et généreux, et une in-

(1) L'onagre est l'âne sauvage.
(2) Femme de Mahomet.

telligence supérieure à celle des autres animaux. Ils disent : « Le cheval est la plus belle créature après » l'homme. Aussi, la plus noble occupation est-elle » de l'élever, le plus délicieux amusement de le » monter, et la meilleure action domestique de le » soigner. » Et ils ajoutent, d'après leur Prophète : « Autant de grains d'orge donnés au cheval, autant » d'indulgences gagnées. »

Mahomet a consacré dans son *Coran*, une place d'honneur au cheval, en décrivant ainsi sa création : « Dieu appela le vent du sud et lui dit : Je veux ti- » rer de toi un nouvel être ; condense-toi ; dépose » ta fluidité et revêts une forme visible. » Ayant été obéi, il prit quelque peu de cet élément devenu palpable, souffla dessus, et le cheval fut produit. « Va, cours dans la plaine, dit alors le Créateur à » l'animal ; tu deviendras pour l'homme une source » de bonheur et de richesse. La gloire de te domp- » ter ajoutera à l'éclat des travaux qui lui sont ré- » servés. »

C'est de l'époque du Prophète que date l'émula- tion des Arabes à perfectionner la race de leurs chevaux. Dans un but d'intérêt général, et surtout pour inspirer aux Arabes l'amour que lui-même il ressentait pour ce noble animal, Mahomet promit le paradis à ceux qui aimeraient, multiplieraient et amélioreraient leurs chevaux.

Les allégories poétiques de la mythologie semblent absurdes; et cependant, lorsque nous parvenons à en pénétrer le mystère, nous y découvrons des faits véritables.

Ce que nous venons de dire s'applique, dans une certaine mesure, aux rapports incessants de l'homme et du cheval. Ainsi les Centaures, qui étaient des chevaux dont la partie supérieure du corps avait la tête, le cou et les bras de l'homme, symbolisaient l'association de l'intelligence et de la force, conditions essentielles des travaux humains.

En effet, le plus célèbre des Centaures, Chiron, fut un prodige d'activité. Parcourant sans cesse les montagnes, il avait acquis une connaissance profonde des simples, qui lui mérita l'honneur d'être le premier médecin de son temps. Il enseigna son art à Esculape, qui, par ses soins, devint le dieu de la médecine. Chiron inventa l'équitation, dont les règles semblent ne faire de l'homme et du cheval qu'un seul individu ayant une volonté et une action qui se confondent pour ainsi dire, en une seule nature. Enfin il conseilla à Jason, roi de Thessalie (1), dont il avait été le précepteur, de faire construire un vaisseau, le premier qui sillonna les mers, pour aller à la conquête de cette fameuse toison d'or qui peut être regardée comme l'emblème de la prospérité résultant, pour les peuples, de l'échange par

1 Contrée de la Grèce ancienne qui fait aujourd'hui partie de la Turquie d'Europe.

la navigation, de leurs richesses et de leur civilisation. Voulant récompenser tant de mérites, les dieux placèrent Chiron dans le ciel, parmi les douze constellations du zodiaque : c'est le Sagittaire (1).

Quel est le mortel qui n'a pas été poëte une fois au moins dans sa vie? Eh bien ! il lui a fallu pour cela être transporté à travers l'espace, jusque sur les sommets du Parnasse, au séjour des Muses. C'est Pégase, cheval ailé, toujours débonnaire pour les poëtes inspirés, mais passablement rétif pour les rimailleurs, qui a été chargé d'effectuer ce voyage aérien. Il était aussi la monture ordinaire des Muses, lorsqu'elles allaient rendre leurs devoirs aux dieux de l'Olympe. La familiarité dont il jouissait auprès des immortels a dû le faire caser dans les régions célestes, où nous le voyons briller au nord sous la forme d'une belle constellation qui porte son nom.

Enfin, et pour terminer cette partie hippique de la mythologie, nous dirons qu'Apollon, le dieu du jour, dirigeait avec une incontestable adresse, les quatre magnifiques chevaux attelés au char du Soleil. Ces chevaux, dont le nom ne fait rien à l'histoire, étaient doués d'une merveilleuse rapidité, dont aujourd'hui nous ne pouvons nous faire une

(1) Cette constellation, composée de trente-et-une étoiles, se montre en novembre, un peu au-dessus de l'horizon de Paris et dans la direction de l'*Epi de la Vierge* et d'*Antarès*, l'un et l'autre étoiles de première grandeur.

idée; en effet, comme le soleil tournait alors autour de la terre, selon les croyances du temps, ils parcouraient en une seconde, 2,300 lieues, soit en vingt-quatre heures 18,720,000 lieues.

Mais passant à la réalité, disons que toujours et partout l'homme est *doublé* du cheval, et laissons Buffon, l'illustre naturaliste, nous en faire la description dans son style entraînant :

« La plus noble conquête que l'homme ait jamais faite est celle de ce noble et fougueux animal, qui partage avec lui les fatigues de la guerre et la gloire des combats : aussi intrépide que son maître, le cheval voit le péril et l'affronte; il se fait au bruit des armes, il l'aime, il le cherche, et s'anime de la même ardeur. Il partage aussi ses plaisirs : à la chasse, aux tournois, à la course, il brille, il étincelle. Mais docile autant que courageux, il ne se laisse pas emporter à son feu; il sait réprimer ses mouvements : non-seulement il fléchit sous la main de celui qui le guide, mais il semble consulter ses désirs; et obéissant toujours aux impressions qu'il en reçoit, il se précipite, se modère ou s'arrête, et n'agit que pour y satisfaire. C'est une créature qui renonce à son être pour n'exister que par la volonté d'un autre; qui sait même la prévenir; qui, par la promptitude et la précision de ses mouvements, l'exprime et l'exécute; qui sent autant qu'on le désire, et ne rend qu'autant qu'on veut; qui, se livrant sans réserve, ne se refuse à rien, sert de toutes ses forces, s'excède, et même meurt pour mieux obéir (1) ! »

Si Pégase fut pour les poëtes un génie tutélaire en faisant d'un coup de pied sortir de l'Hélicon la fontaine de l'Hippocrène où ils venaient puiser leurs inspirations, il est bien naturel qu'il leur ait fourni de magnifiques accents pour célébrer sa propre race :

> Voyez ce fier coursier, noble ami de son maître,
> Son compagnon guerrier, son serviteur champêtre,
> Le traînant dans un char, ou s'élançant sous lui,
> Il s'éveille, il s'anime, et, redressant la tête,
> Provoque à la mêlée, insulte à la tempête ;
> De ses naseaux brûlants il souffle la terreur ;
> Il bondit d'allégresse, il frémit de fureur ;
> On charge ; il dit : Allons ; se courrouce et s'élance.
> Il brave le mousquet, il affronte la lance ;
> Parmi le feu, le fer, les morts et les mourants,
> Terrible, échevelé, s'enfonce dans les rangs ;
> Au bruit des chars guerriers fait retentir la terre,
> Prête aux foudres de Mars les ailes du tonnerre ;
> Il prévient l'éperon, il obéit au frein,
> Fracasse par son choc les cuirasses d'airain,
> S'enivre de valeur, de carnage et de gloire,
> Et partage avec nous l'orgueil de la victoire ;
> Puis revient dans nos champs, oubliant ses exploits,
> Reprendre un air plus calme et de plus doux emplois,
> Aux rustiques travaux humblement s'abandonne,
> Et console Cérès des fureurs de Bellone (2).

(1) Voy. page 30.
(2) Delille, *les Trois Règnes.*

Un autre poëte a dit (1) :

Il est superbe et doux, docile, valeureux;
Son encolure est haute et sa tête hardie;
Ses flancs sont larges, pleins, sa croupe est arrondie;
Il marche fièrement, il court d'un pas léger;
Il insulte à la peur, il brave le danger.

. . . .

. . . .

Un coursier belliqueux, qui, formé pour la gloire,
Doit avec le guerrier voler à la victoire,
Dès ses plus jeunes ans au bruit accoutumé,
Sans crainte entend tonner le salpêtre allumé;
Son œil audacieux parcourt l'éclat des armes;
Le son de la trompette est pour lui plein de charmes;
Il souffre les arçons, il soutient en repos
Son maître qui s'élève et s'assied sur son dos.
A ses ordres docile, il s'arrête ou s'avance,
Il revient sur ses pas, il se dresse, il s'élance;
Plus léger que les vents par son vol devancés,
Ses pas sur la poussière à peine sont tracés;
Il aime la louange, et son ardeur éclate
Au doux bruit de la main qui le frappe et le flatte.
C'est ainsi qu'un coursier, utile au champ de Mars,
Nous porte fièrement au milieu des hasards,
Perce les escadrons, vole, se précipite;
Le carnage l'anime et le péril l'irrite.
Environné de morts, sanglant, percé de coups,
Il semble s'oublier et ne penser qu'à vous.
Quand sa force le quitte, encor plein de courage,
De l'horreur des combats il sort, il se dégage;
Pour vous il semble craindre un coup qu'il a bravé;
Il expire content quand il vous a sauvé.

(1) Rosset, *l'Agriculture.*

Les peuples de l'Orient usent d'une grande douceur avec leurs chevaux et d'une grande sagacité
dans les soins qu'ils leur prodiguent. Ils les asso-
cient à leur famille en leur faisant partager leur
tente et souvent leur nourriture. De leur côté, les
chevaux s'attachent à leur maître, dont ils deviennent le compagnon inséparable, l'ami fidèle en
prenant part à ses travaux, à ses périls et à sa fortune heureuse ou malheureuse.

Voici une anecdote qui prouve la mutuelle affection de ces deux *enfants* du désert :

Un Anglais avait donné rendez-vous à un Arabe
sur la place des Pins, à Beyrouth (1), où ils devaient
traiter de la vente d'un cheval.

L'Arabe attendait sur la place, laissant son cheval paître en liberté : c'était un des plus beaux animaux du désert.

— *Las salam aleick* (je te salue) ! dit-il grave-
ment à l'Anglais.

— Quel est le prix de ton cheval ? demanda l'a-
cheteur, par l'intermédiaire de M. Lascaris.

— Dieu seul le sait, dit l'Arabe. Jette sur ce
manteau le prix que tu en offres.

— Trente mille piastres (2) tombèrent aux pieds
de l'Arabe impassible, puis dix mille, et dix mille

(1) Ville de Syrie sur les côtes occidentales de l'Asie.
(2) La piastre vaut environ un franc.

encore. Les yeux du vendeur s'allumèrent à la vue de ce trésor; dix mille autres piastres tombèrent : l'Arabe était vaincu.

— Allons, dit-il en s'approchant du cheval, il faut nous séparer.

— L'Anglais préparait avec flegme un licou de soie : l'Arabe étouffait...

Tout à coup l'intelligente bête, flairant son nouveau possesseur, fit un brusque mouvement et poussa un hennissement douloureux.

D'un bond, l'Arabe fut en selle :

— Adieu! dit-il à l'Anglais, tes trésors ne remplaceraient jamais mon seul ami!

Et il disparut dans un tourbillon de poussière (1).

Aux nombreuses qualités que nous venons d'énumérer, il convient d'ajouter la gloire qu'on accorde au cheval d'être regardé comme le symbole de la liberté.

C'est surtout dans les haras des steppes (ou plaines immenses) de l'Ukraine (2) qu'on est souvent témoin de l'amour de ce généreux animal pour l'indépendance. Ces haras, qui sont fort nombreux, contiennent chacun de vingt-cinq à trente mille chevaux. Lorsque quelques-uns d'entre eux aperçoivent sur les rares chemins qui traversent les

(1) M. Spoll. *Bulletin de la Société protectrice des animaux.*
(2) Gouvernement central de la Russie d'Europe.

steppes, une voiture traînée par d'anciens camarades, ils courent avec fureur à leur délivrance. Aussitôt ils les dégagent du véhicule en le brisant à coups de pied, les dépouillent avec leurs dents des harnais qui les retenaient captifs et les emmènent en triomphe en faisant retentir les plaines de leurs joyeux hennissements.

Il n'est pas facile de s'emparer de ces chevaux indomptés. Voilà comment on procède pour s'en rendre maître : « Un Tartare, monté sur un cheval agile et bien dressé, jette un nœud coulant sur le cou du cheval qu'il veut prendre, s'efforce adroitement de le séparer des chevaux du haras et de le faire sortir dans les champs. Quand cette manœuvre a réussi, il le fait galoper ventre à terre devant lui à coups de fouet, jusqu'à ce que le cheval épuisé tombe par terre. Une fois tombé, on le bride, on le garrotte de toutes parts ; et, en serrant ses oreilles et ses lèvres avec de fins lacets, on le force par la douleur à la docilité. C'est dans cet état que la pauvre bête, tremblante, épuisée, passe de la liberté à la servitude. »

Si, comme on vient de le voir, le cheval à l'état sauvage est éminemment sociable, il est toujours domptable à l'état de domesticité, dans lequel il déploie tant de qualités dont nous usons largement et dont nous abusons bien davantage.

Suivons-le avec Bossuet (1) dans les progrès de son éducation.

« Voyez ce cheval ardent et impétueux, pendant que son écuyer le conduit et le dompte, que de mouvements irréguliers! C'est un effet de son ardeur, et son ardeur vient de sa force, mais d'une force mal réglée. Il se compose, il devient plus obéissant sous l'éperon, sous le frein, sous la main qui le manie à droite et à gauche, le pousse, le retient comme elle veut. A la fin, il est dompté : il ne fait que ce qu'on lui demande ; il sait aller au pas, il sait courir, non plus avec cette activité qui l'épuisait, par laquelle son obéissance était encore désobéissante. Son ardeur s'est changée en force, ou plutôt, puisque cette force était en quelque façon dans cette ardeur, elle s'est réglée. Remarquez : elle n'est pas détruite, elle se règle ; il ne faut plus d'éperon, presque plus de bride ; car la bride ne fait plus l'effet de dompter l'animal fougueux ; par un petit mouvement, qui n'est que l'indication de la volonté de l'écuyer, elle l'avertit plutôt qu'elle ne le force, et le paisible animal ne fait plus, pour ainsi dire, qu'écouter : son action est tellement unie à celle de celui qui le mène, qu'il ne s'ensuit plus qu'une seule et même action. »

Le cheval est originaire du centre de l'Asie. Mais

____

(1) *Méditations sur l'Évangile.*

aujourd'hui, il se trouve en grand nombre, dans toutes les parties du monde.

On distingue en France trois races principales de chevaux : 1° la race limousine; 2° la race navarrine qui l'une et l'autre fournissent les meilleurs chevaux de selle de notre pays ; 3° la race normande qui donne d'excellents chevaux de trait.

Parmi les races étrangères, celle qui présente le type de la perfection est la race arabe. Autrefois, nous ne la connaissions que fort peu, parce qu'il était défendu aux Arabes, sous peine de mort, de nous vendre des chevaux. Mais depuis que l'Algérie est notre plus précieuse conquête, nous possédons un certain nombre d'étalons, dont le type améliorateur est irréprochable, et tout porte à croire que nous profiterons des immenses ressources que nous offre ce pays, pour perfectionner notre race chevaline par l'élève des chevaux arabes faite sur une grande échelle.

Puisque le cheval arabe est un des plus notables avantages de nos possessions d'Afrique, et que chaque jour, on cherche à le *naturaliser français*, il est à propos de dire quelques mots de cette race qu'on désigne sous le nom de *sang oriental*.

« Ce qui est certain, c'est que le cheval de la côte africaine doit au ciel sous lequel il se développe, à l'éducation qu'il reçoit, à la nourriture qu'on lui donne, aux fatigues qui lui sont familières, une vigueur qui lui permet d'égaler, sinon de surpasser les chevaux les plus vantés de la Perse et de la Haute-Égypte (1). »

Il est si doux et si docile que c'est aux femmes qu'est confié l'élevage des poulains. Il vit avec la famille sous la même tente. Quand les femmes lui présentent sa nourriture, elles ont coutume de dire d'une voix affectueuse : « Mon fils, mange..., un jour tu nous sauveras de l'ennemi et tu nous procureras le butin nécessaire à la vie. » Et lorsque les enfants les taquinent ou les maltraitent : « Enfants, s'écrient-elles, cessez de causer la moindre souffrance aux chevaux : ce sont eux qui nous nourrissent. Dieu maudit la tente de celui qui maltraite son cheval. »

La femme est même admise à porter plainte au chef de la tribu, lorsque le mari néglige ou rudoye son cheval.

Certes, nous ne demandons pas que cette habitude de dénonciation passe dans nos mœurs, mais nous pouvons bien désirer que les sentiments de douceur que les femmes de la *Barbarie* inspirent à leurs enfants, fassent partie de l'éducation que donnent les femmes françaises avec tous les raffinements de la civilisation.

Je me suis souvent demandé quelle serait l'im-

(1) *Les chevaux du Sahara et les mœurs du désert*, par le géné-ral DAUMAS, sénateur.

pression d'une de ces filles compatissantes du désert, transportée tout à coup dans notre splendide
capitale, en présence d'un de ces nombreux charretiers qui se démènent en furieux contre leurs chevaux. Que dirait-elle à la vue de cet homme qui, en
faisant retentir l'air des plus ignobles jurements,
frappe sans cesse à coups redoublés et avec un des
plus terribles instruments de supplice, avec le fouet
au bruit strident , de pauvres chevaux enchaînés
pendant des jours entiers, à des *charges impossibles?*
Que dirait-elle, si on lui apprenait que ces cruautés
ont un cours régulier, parce que les mauvais traitements sont passés dans les habitudes, et que même,
on donne aux enfants les *moyens* de s'y exercer dès
l'âge le plus tendre ?

Elle dirait : Qu'on me ramène au désert; la
barbarie n'est pas aux lieux qu'on flétrit de ce
nom.

Mais revenons au cheval arabe.

Le système de nourriture ne contribue pas peu à
lui acquérir les qualités qui le distinguent. L'orge
en est la base ; les dattes, la tige et les racines de
l'alfa, et le lait des chamelles, le varient et le com-
plètent. Ce régime double l'énergie musculaire du
cheval, développe en lui une vitesse surprenante, et
le rend merveilleusement propre aux fatigues et aux
privations du désert qui peuvent durer plusieurs
jours.

On commence à le dresser de très-bonne heure.

Dès l'âge de dix-huit mois à trois ans, il est soumis à la nécessité de la selle, du ferrage et du mors. A quatre ans, son éducation est complétement terminée.

« Les qualités physiques que les Arabes estiment le plus dans un cheval, sont le cou long et courbé, les oreilles délicatement formées et se joignant presque à leur extrémité, la tête petite, les yeux grands et pleins de feu, la mâchoire inférieure étroite, la bouche découverte, les narines larges, le ventre peu développé, la jambe nerveuse, le pâturon court et flexible ; le sabot dur et ample, la poitrine large, la croupe haute et arrondie. Quand l'animal réunit les trois beautés de la tête, du cou et de la croupe, il est considéré comme parfait. Les diverses couleurs des chevaux arabes sont, le bai-brun, l'alezan, le blanc, le gris clair, le gris mêlé et le gris bleuâtre. Mais le noir et le bai clair éclatant sont inconnus en Arabie. »

Les faits qui prouvent l'intelligence du cheval, et surtout sa bonté et même son dévouement envers l'homme, sont si nombreux qu'il suffit d'en énoncer quelques-uns pour montrer que ce dernier, quand il est méchant dans ses actes, manque de cœur et de raison.

Que de fois des voyageurs égarés ont dû leur salut à l'instinct de leurs chevaux qui les guidait sû-

rement, au terme du voyage, pendant des nuits obs-
cures à travers des chemins semés d'obstacles.

Un négociant de Grenoble avait assisté au
mariage d'un de ses amis, célébré dans un château
situé à quelques lieues de cette ville. Après le repas,
auquel il avait fait honneur en dégustant, en fin
gourmet, les vins les plus généreux, le négociant se
retira, et monta seul dans sa voiture attelée d'un
magnifique cheval. Comme son cerveau était un
peu troublé par les libations du festin, le négociant
fit prendre à son cheval une route diamétralement
opposée à celle qui conduisait à la ville. Cette route
était extrêmement dangereuse : taillée presque partout dans le roc, elle se trouvait bordée de préci-
pices et de torrents qui commandaient au voyageur
la plus grande prudence, même pendant le jour.
Cependant, le cheval se montrait inquiet, indocile
même : puis s'arrêtait souvent, et tout à coup s'efforçait de tourner bride. Le maître furieux le
fouaillait de son mieux, et le cheval de hennir :
c'était là son langage à lui, mais il restait incom-
pris. Enfin, la fumée des liqueurs alourdit le voyageur, et, l'air de la nuit aidant, le fit tomber dans
une inertie complète. Dès que le cheval sentit les
rênes flotter incertaines sur sa croupe, il comprit
qu'il était libre de suivre la direction qui lui con-
viendrait ; et il profita de cette faculté pour rebrous-
ser chemin et ramener aux portes de Grenoble, son
maître incapable de le diriger.

Il n'est pas rare de voir des chevaux opérer des sauvetages avec une intelligence et un courage remarquables.

Dernièrement un enfant ayant conduit un cheval à l'abreuvoir, le contraignit imprudemment à force de clameurs et de coups de fouet, à s'avancer dans la rivière qui était très-profonde. Dès que le pauvre animal eut perdu pied, il se mit à nager. L'enfant, effrayé, se laissa choir dans l'eau en poussant des cris de détresse. La mort était imminente... Mais le cheval, se retournant promptement, saisit par la blouse avec sa bouche, son petit persécuteur, et le transporta sur l'autre rive. Ce fouetteur imberbe en fut quitte pour la peur, et sentit que ce bain forcé valait une double leçon d'humanité.

Après la glorieuse journée du Mont-Thabor (16 avril 1799) où quatre mille Français anéantirent une armée musulmane de trente-cinq mille hommes, le général Bonaparte se rendit dans la vallée de Merdj-el-Amir, pour y passer la nuit. Comme il traversait le camp ennemi, il entendit des gémissements qui partaient d'une tente renversée. Il la fit soulever aussitôt, et vit un soldat mutilé que les plus affreuses douleurs disputaient à la mort. Son cheval était agenouillé devant lui (1) et, quoique blessé lui-même, léchait les blessures de son maître !... A la vue de cette scène, à la fois horrible et touchante,

---

(1) L'agenouillement fait partie des exercices du cheval arabe.

le général se retourna vers ses officiers. « Messieurs, leur dit-il, d'une voix émue, cet animal nous donne une leçon d'humanité en nous montrant qu'il reconnait des hommes là où nous ne voulons voir que des choses destinées à nos passions et à nos caprices ! »

En terminant cette première partie, j'adresserai à mes lecteurs les mêmes paroles que j'ai fait entendre à mes chers auditeurs.

Oui, tel est l'excellent et noble animal auquel nous infligeons le plus de souffrances, et le plus de tortures en récompensence des services inépuisables qu'il est toujours disposé à nous rendre. Et, chose pénible à reconnaître, c'est que l'injustice et la cruauté de l'homme s'accroissent en raison directe de l'épuisement causé à l'animal par l'âge que double un martyre incessant.

S'il est vrai que par la succession des actes mauvais, l'homme s'endurcit graduellement jusqu'à la férocité, n'est-il pas du devoir de chacun de nous d'inspirer à la jeunesse *la raison de la douceur*, en nous souvenant de ces magnifiques paroles du plus grand philosophe de l'antiquité (1) : « L'enfant qui » tyrannise les animaux, tyrannisera sa famille et sa » patrie. »

____

(1) Pythagore vivait 540 ans avant l'ère chrétienne.

DEUXIÈME PARTIE

SES TRAVAUX, SES SOUFFRANCES

> N'inspirez jamais aux enfants le goût
> des expériences cruelles : lorsqu'ils sont
> barbares envers les bêtes innocentes,
> ils ne tardent pas à le devenir avec les
> hommes.
>
> BERNARDIN DE SAINT-PIERRE.

Les travaux auxquels l'homme soumet le cheval peuvent être divisés en trois catégories :

1° Les travaux de luxe,

2° Les travaux de fantaisie ou de caprice,

3° Les travaux d'utilité.

§ I.

Dans la première catégorie, les chevaux sont privilégiés. Le cheval de selle surtout est celui dont le sort est le plus heureux. Dressé avec soin, avec ménagement, il devient très-jaloux de son éducation qui en régularisant ses mouvements donne de la grâce et même de la noblesse à son allure et semble ajouter à la beauté de ses formes. Il est plutôt le compagnon que le serviteur de son maître ou de sa maîtresse dans leurs promenades à travers des sites enchanteurs. Souvent il se trouve en société avec ses

semblables. Oh alors ! son ardeur s'irrite, son émulation s'excite : il est tour à tour calme, impétueux,
docile, emporté, modéré, et rapide comme le vent.
En un mot, il est le héros des parties de plaisir
qu'il partage avec celui qui le monte. Le cavalier
et l'animal sont fiers l'un de l'autre.

Les chevaux attelés à des carrosses ou à d'autres
voitures élégantes sont aussi, sous certains rapports,
l'objet des soins les plus attentifs. Ils habitent des
écuries bien aérées, bien saines, et souvent très-
confortables. Les harnais dont se composent les sel-
leries sont légers et ajustés de manière à ne leur
causer aucune blessure ; car la belle tenue des
équipages est le luxe de grandes fortunes.

Mais les chevaux éprouvent de véritables souffrances lorsqu'ils sont obligés de rester longtemps
aux portes des maisons où descendent leurs maîtres.
Les spectacles, les bals les obligent à se soumettre
pendant une partie de la nuit, et quelle que soit la
rigueur de la saison, à un repos qui approche
de l'immobilité. Comme ils sont ordinairement dans
la force de l'âge et de la santé, ils s'indignent de
cette inaction, et, s'ils manifestent leur impatience
en hennissant, en frappant la terre du pied, en jetant de l'écume, en secouant la tête, les cochers,
au lieu de les calmer par des caresses, les brutali-
sent pour les faire *rester tranquilles*.

D'autres fois, on les exténue ; car le maître qui ne

se fatigue pas d'être traîné, peut aimer, comme Louis XVIII, à être emporté ventre à terre, sans aucun temps d'arrêt. Ainsi sollicitude souvent exagérée dans les écuries, et folles exigences dans le service : ce sont bien là les inconséquences des hommes.

En outre, dans ces écuries somptueuses, les cochers et les palefreniers abusent quelquefois de leur autorité trop rarement contrôlée ; ils se livrent à des corrections cruelles que rien ne motive, ou spéculent odieusement sur les rations des animaux qui sont confiés à leur probité (1).

§ II.

Dans la seconde catégorie des travaux du cheval, — si l'on peut donner le nom de travail qui devrait n'emporter qu'une idée souverainement honorable, à des actes forcés dont la conclusion est la douleur ou la mort — dans cette seconde catégorie, dis-je, le cheval est complétement sacrifié aux passions les plus déraisonnables de l'homme, et Dieu sait que le nombre en est grand.

Commençons par les courses avec ou sans *steeple-chase.*

Ces courses, telles qu'on les pratique depuis

(1) Voyez à ce sujet ce que nous avons dit pages 25 et 26.

quelques années, peuvent être considérées d'un côté comme une spéculation *terre à terre* de maquignonnage, de l'autre, comme un rien jeté à la curiosité des désœuvrés *de bonne compagnie*.

Pour donner une apparence de raison à ces jeux excentriques, on a osé prétendre qu'ils avaient uniquement pour but « de perfectionner la race et de conserver aux types leur pureté d'origine. »

Mais aujourd'hui, personne n'ignore que ces tours de force sont dus à un régime destructeur qu'on appelle l'entraînement, de l'anglais *Training*. Il consiste à faire faire chaque jour au cheval, dès l'âge de deux ans, des promenades de trois à quatre kilomètres en cinq minutes, et à surexciter sa vigueur musculaire au moyen de purgations savamment administrées, qui lui font perdre la graisse inutile.

C'est quand on est parvenu à élever son corps efflanqué sur des jambes en fuseaux et à lui donner la désinvolture d'un lévrier, c'est quand on l'a réduit à un état anormal qui l'expose aux plus graves maladies, et compromet son existence, qu'on affirme qu'il sera un reproducteur accompli pour le perfectionnement de la race !

De toutes les courses, la plus barbare, la plus cruelle, la plus immorale est le *steeple-chase*, course au clocher : encore un mot et une excentricité empruntés à nos voisins.

La *course au clocher* se pratique en ligne droite

sur un terrain semé d'obstacles naturels et artificiels tels que rivières, fossés, murs, haies, monticules, barrières, etc. Les chevaux lancés à toute vitesse bondissent à travers ces obstacles : ils font voler les barrières en éclats avec leurs jambes ou leurs sabots. S'ils tombent, il faut qu'ils se relèvent pour courir à un autre obstacle, et quand la douleur et les fractures le leur rendent infranchissable, ils s'y brisent et alors pour en finir avec une bête désormais inutile, on lui casse la tête. Que le jockey, espèce de squelette affublé d'une jaquette aux couleurs éclatantes, roule dans la poussière disloqué, à demi-mort, *on ne l'achève pas,* mais on l'envoie à l'hôpital, pour qu'il recommence, après guérison, son triste métier.

Quant au cheval vainqueur.... fracassé « essouf-» flé, frémissant sur ses jambes, sabré par la cra-» vache, éventré à coups d'éperons, ruisselant, à la » lettre, de sueur et de sang (1), » il reçoit, *dans la personne de son maître,* le prix, la prime et souvent une ovation qui en équité, est inférieure à celle que l'empereur Caligula prodigua à son cheval en le faisant *personnellement* sénateur romain.

Mais, comme l'a dit un spirituel critique, l'homme étant le roi de la création, il faut bien que le *roi s'amuse.*

(1) M. Victor Bonie, dans l'*Illustration.*

Ah ! prenons-y garde : l'attrait de ces affreux drames ne repose que sur des sentiments de férocité. Cela est si vrai que dans tous les théâtres du même genre, les émotions sont d'autant plus recherchées par les spectateurs que le sang, la douleur et la mort y sont plus accumulés. Le nom seul des spectacles en fait la différence.

Toutefois, nous sommes heureux de rendre hommage à l'administration des haras, qui aujourd'hui nous donne raison. Elle vient de décider[1] qu'à partir de 1869, les épreuves dite *steeple-chase* pour les étalons seront supprimées. Cette décision est fondée sur ce que ces épreuves avaient l'inconvénient de donner des poulains légers qui n'étaient aptes à faire ni des reproducteurs passables, ni même de bons chevaux de service.

C'est un pas vers la vérité et l'humanité !

Il ne faudrait pas conclure de ce qui précède, que les courses doivent être condamnées d'une manière absolue. Loin de là : elles sont fort amusantes et même très-utiles, quand elles développent naturellement les qualités brillantes du cheval, et surtout quand elles n'offrent aux hommes et aux bêtes aucune chance de s'estropier ou de se tuer.

Ainsi, à Rome, une course de chevaux libres termine le carnaval qui dure huit jours, du 7 au

(1) 1er mai 1868.

15 janvier. C'est la fête la plus bruyante de l'année ;
« elle prend aux Romains comme une fièvre de jeu,
comme une fureur d'amusement dont on ne trouve
point d'exemple ailleurs. » Ce spectacle a lieu sur
l'ancienne voie *Flaminia*, qui porte aujourd'hui le
nom significatif de *Corso* et qui, longue de deux
kilomètres, divise Rome en deux parties égales.

Ausitôt que le canon résonne, la foule envahit
les amphithéâtres qui entourent les obélisques,
et une multitude de têtes fixant ses yeux noirs vers
la barrière d'où les chevaux doivent s'élancer, appa-
rait aux fenêtres et aux balcons, qui ce jour-là, sont
ornés de tapisseries magnifiques et de riches coussins.

Les chevaux arrivent sans bride et sans selle : leur
front est ombragé de longues plumes flottantes qui
tourmentent leurs regards ; leur dos est couvert
d'une étoffe brillante d'où pendent des balles de
plomb garnies de pointes d'acier, qui sans cesse
aiguillonnent leurs flancs ; sur leur croupe sont
fixées de légères feuilles d'étain ou de papier gommé
qui, en se froissant, imitent les excitations du
cavalier, enfin leur queue et leur crinière étincellent
de paillettes d'or et de divers ornements qui les
distinguent. Ils sont conduits par des palefreniers
très-bien vêtus qui ont beaucoup de peine à les retenir, tant ces charmants coureurs se montrent
impatients d'une gloire qu'ils vont obtenir, sans
que l'homme les dirige.

Enfin, sur le signal du sénateur de Rome, la trompette a sonné. Soudain, la barrière s'ouvre; les chevaux s'élancent comme des flèches: le pavé brûle sous leurs pas; les acclamations des specta-teurs et les encouragements des palefreniers, redou · blent leur ardeur, et en deux minutes vingt-une secondes, ils ont dévoré l'espace de 1685 mètres qui s'étend depuis l'obélisque de la Porte du peuple jusqu'au palais de Venise, où est le but.

Ce sont des chevaux fins de Naples, nommés barbes, qu'on destine aux exercices du *Corso*; on en voit d'une rare beauté. Leur émulation est si ardente que pour retarder la vitesse de leurs con-currents, ils emploient entre eux, tous les moyens en leur pouvoir: ils se mordent, se poussent et se donnent des coups de pieds.

« Le cheval victorieux est amené par son palefre-nier triomphant, sous le balcon des magistrats qui délivrent le prix de la course. On ne manque pas de féliciter le seigneur à qui le cheval appartient, de la victoire qu'il a remportée, comme s'il y avait réellement beaucoup contribué (1). » Mme de Staël raconte qu'elle vit à une de ces courses, un palefre-nier se jeter à genoux devant son cheval vainqueur, le remercier et l'embrasser respectueusement; puis il le recommanda à saint Antoine, patron des ani-

(1) *Voyages d'Italie*, par le P. L ABAT, vol. II, page 330.

maux, avec un enthousiasme aussi sérieux en lui que comique pour les spectateurs (1).

Ces courses de chevaux libres, ne ressemblent pas à celles dont se compose le carnaval anglais, *the Derby day*, qui a lieu vers la fin de mai, dans les vastes plaines d'Epsom, *Epsom's Downs*, à quelques lieues de Londres, et dans plusieurs autres parties de l'Angleterre.

Ce jour-là, le cheval est *gentilhomme*, gentilhomme *ruiné*, et les Anglais s'abandonnent à une gaieté extravagante, qui les pousse à faire des paris dont le chiffre total dépasse souvent huit et même dix millions.

Chose étrange! cette furie de spéculation qui, dans les îles Britanniques, fait dépendre du jarret plus ou moins rapide d'un pauvre cheval, déformé par *l'entraînement*, l'élévation ou la chute de fortunes colossales, se retrouve aussi insensée dans les îles de l'Océanie, où les habitants, passionnés pour les combats de coqs, exposent tout ce qu'ils possèdent aux chances de défaites et de victoires que soulèvent ces petits gladiateurs emplumés.

Nous avons dit qu'indépendamment de leur agrément, certaines courses pouvaient avoir leur utilité. En effet, dans les contrées de l'Asie centrale, qu'ar-

(1) *Corinne*, livre IX, chap. 1er.

rose la rivière Amou-Daria (ancien Oxus), les chevaux acquièrent une très-grande perfection, sous le
rapport de la vigueur et de la rapidité. Les Turco-
mans, que leurs mœurs nomades obligent à entre-
prendre de lointaines expéditions à travers d'immenses déserts privés de toute espèce de routes,
façonnent leurs chevaux de manière à les rendre
capables de parcourir des distances de huit cents
kilomètres en six à sept jours au plus. Pour y par-
venir, ils les soumettent à un régime bien différent
de *l'entraînement;* ce régime consiste à les *rafraichir*
au moyen d'une nourriture très-simple et surtout
très-réglée qui se compose d'herbe trois fois par jour,
d'une certaine quantité d'orge, et d'un végétal
nommé *djoueri,* dont la tige contient beaucoup de
substance sucrée et peu d'eau. Une heure après
chaque repas, on leur fait faire une course dont la
longueur et la durée sont savamment graduées.

Pour connaître si l'animal est arrivé à l'état de
force et de vitesse désirable, on le conduit à l'eau ;
s'il boit copieusement, c'est signe qu'il n'est pas
encore assez *rafraîchi.* Alors le traitement se continue jusqu'à ce que le cheval prouve par sa tempé-
rance, que son maître peut compter sur ses qualités
acquises.

Ces chevaux de la Tartarie indépendante se font
remarquer par une encolure magnifique. On assure
qu'ils doivent ce précieux avantage à la manière

dont leur écurie est éclairée. Ainsi, la fenêtre étant ouverte dans la toiture, l'animal s'accoutume à lever la tête et à prendre un noble port.

C'est parmi les chevaux des rives de l'Oxus, dont la race est extrêmement pure, qu'Alexandre le Grand choisit, trois siècles avant notre ère, son fameux cheval de bataille, auquel il donna le nom de *Bucéphale*, parce qu'il lui avait fait imprimer sur l'épaule gauche, une tête de bœuf (1).

De même qu'en Angleterre, les courses de chevaux occupent le premier rang des fêtes nationales, de même en Espagne les courses de taureaux dominent les mœurs de la nation.

Traçons en peu de mots le tableau d'une de ces horribles fêtes, si chères aux Espagnols, et transportons-nous à Madrid, dont le cirque contient trente mille spectateurs. Entendez-vous ces effroyables mugissements, partis de toutes ces têtes dont la frénésie s'augmente par l'ardeur d'un soleil dévorant? Le combat va commencer; mais avant d'y assister, jetez les yeux à côté du cirque : vous y verrez une pharmacie et une chapelle. Dans l'une, des médecins sont consignés pour porter secours aux blessés; dans l'autre, des prêtres se tiennent prêts à confesser les mourants et à dire la messe mortuaire.

(1) Du grec βοῦς bœuf, κεφαλη tête.

C'est que la mort, avec son cortége de douleurs, plane sur le cirque, dont elle va faire les délices.

Les taureaux destinés au combat sont tirés des pâtures les plus sauvages de l'Espagne. Pour les irriter, on les enferme, privés de lumière et de nourriture, pendant le jour qui précède la fête : et, avant qu'ils sortent de leur prison, une main exercée leur enfonce dans les chairs, à l'épaule gauche, un fer aigu en forme de dard, qui y fixe des touffes de rubans aux couleurs de leur maître.

Quand la trompette sonne, les Toréadors sont à leur poste (1). Dès que la barrière s'ouvre, le taureau s'élance au milieu de l'arène; mais au bruit des mille fanfares, aux vociférations des spectateurs, à l'éclat éblouissant de la lumière, inquiet, surpris, troublé, furieux, les naseaux fumants, les regards brûlants, il s'arrête.

Tout à coup, il se précipite sur un cavalier (picador) qui le premier l'a attaqué en le blessant avec sa lance et qui s'enfuit à l'autre extrémité de l'arène. Le taureau l'y poursuit, et c'est le cheval seul qui, un bandeau sur les yeux, dépourvu à dessein de tout harnais protecteur, reçoit en pleine poitrine, la corne du monstre mugissant. Si le taureau

(1) Les *Toréadors* sont les cavaliers chargés de combattre le taureau; les *Picadors* (piqueurs) l'attaquent avec la lance; les *Matadors* sont obligés de combattre à pied et de tuer les taureaux.

est *collant*, expression qui indique la perfection de la férocité, il s'acharne sur sa victime, la soulève, la laisse retomber à terre, lui fait d'affreuses blessures, et la foule aux pieds, morte ou mourante, dans les flots de son propre sang.

Quant au Picador, on l'enlève pour le conduire, selon la gravité de son état, soit à la pharmacie, soit à la chapelle.

Il arrive souvent que le cheval est frappé dans le ventre. Alors, le généreux animal, pour obéir à son maître qui l'aiguillonne, continue sa course, traînant sous lui ses entrailles, que laisse échapper une large déchirure, et que lui-même met en lambeaux avec ses pieds poudreux.

A ce premier Picador, succède aussitôt un second. Son cheval, quoique les yeux bandés, se cabre : il a senti l'odeur du carnage : elle l'épouvante, tandis qu'elle enivre l'amphithéâtre altéré de sang. Le taureau, que des flèches lancées de toutes parts rendent de plus en plus impétueux, se rue en bondissant sur le cheval, le renverse et lui déchire le corps; et quand, fatigué de sa victoire, il relève sa tête couverte d'écume et du sang de ses victimes, le cirque tout entier s'ébranle sous ces cris mille fois répétés : *Bravo, taureau ! Bravo, taureau !* auxquels se joignent des épithètes d'une tendresse exaltée : *Cher taureau! aimable taureau !* etc.

Cependant, pour varier le spectacle, les Toréadors

se livrent à des exercices d'une incroyable audace.
Tantôt ils affolent l'animal en faisant jouer au-dessus
de sa tête leur cape aux couleurs brillantes : tantôt
ils l'attendent assis sur une chaise, puis ils l'évitent
avec une merveilleuse agilité, après lui avoir enfoncé
parallèlement dans les deux épaules des flèches en-
rubannées ; tantôt, quand le taureau fond sur eux la
tête baissée, ils posent un pied entre les cornes et le
franchissent d'un bond. Et toutes ces passes, variées
à l'infini, provoquent des applaudissements fréné-
tiques qui font la gloire des Toréadors.

Enfin, quand le taureau a successivement tué et
blessé cinq à six chevaux, l'ordre est donné au Matador de l'immoler. Si la gracieuse souveraine honore de sa présence ces nobles divertissements, c'est
elle qui, avec un sourire plein de douceur, accorde
cet ordre d'extermination.

Alors commence la lutte entre l'homme et le
monstre. Après des passes multipliées au moyen d'un
drapeau écarlate, dans lesquelles le Matador met
en relief sa prodigieuse adresse et sa profonde connaissance de la *tauromachie*, celui-ci plonge à plusieurs reprises son épée, fine comme une aiguille,
entre les deux épaules du taureau, qui, le plus souvent, va-expirer en mugissant, sur le cadavre d'un
des chevaux qu'il a éventrés.

A ce triomphe d'abattoir, les spectateurs témoi-
gnent, par des cris de joie, par des transports de

bonheur et d'ivresse, combien est effréné leur amour pour ces antiques combats (1).

L'intérêt de ces spectacles est en raison du nombre d'animaux qui y sont sacrifiés. Il n'est pas rare que l'hécatombe du plaisir se compose par course, d'une douzaine de taureaux et d'une trentaine de chevaux (2).

Quel rôle est celui du cheval dans ces tueries amusantes ? passif, comme toujours. Ce généreux animal, exposé lâchement, sans aucune défense, au choc effroyable d'un ennemi irrésistible, sauve, en mourant, son maître qui le sacrifie à ses plaisirs les plus féroces. — Le taureau succombe en beuglant : l'homme, qu'il soit acteur ou spectateur, fait entendre les cris les plus discordants, les clameurs les plus insensées...... Seul le cheval qui a servi de bouclier à son bourreau, expire silencieusement.

Il ne faut pas se faire illusion : cet amour exalté pour des jeux (3) où l'ingratitude envers le plus

---

(1) *Gonzalve de Cordoue*, livre V, par FLORIAN.

(2) Le contingent fourni chaque année à ce caprice de l'homme, dépasse trois mille cinq cents chevaux tués sans aucune utilité.

(3) Cette passion est tellement ardente chez les Espagnols que, dans les villes où les combats de taureaux ne peuvent avoir lieu, *ce qui ne met pas les habitants dans une situation à témoigner beaucoup de joie,* on les remplace par un hideux carnage des taureaux destinés à la boucherie. « C'est ordinairement le vendredi après midi, qu'on en tue le plus grand nombre. Les bouchers lâchent les taureaux les uns après les autres, dans une

utile serviteur, où un vil courage de spadassin provoquent l'enthousiasme délirant des masses, n'est
autre que *la soif mal déguisée du sang humain* (1).

Ne serait-ce pas en vérité bien servir la dignité
de l'Espagne que d'adresser une pétition à la Reine
régnante, Isabelle II, dans le but d'obtenir la suppression de ces massacres ? Mais il faudrait tenir un
langage bien opposé à celui avec lequel le trop che-
valeresque auteur de *Gonzalve de Cordoue*, adule la
fameuse Isabelle Ire à son entrée dans le cirque
« où, dit-il, cette auguste reine, habile dans cet
art si doux de gagner les cœurs de son peuple en
s'occupant de ses plaisirs, invite souvent ses guerriers au spectacle *le plus chéri* des Espagnols. »

Si j'avais l'honorable mission de rédiger cette
pétition, je le ferais à peu près en ces termes :

MADAME,

« Seule entre toutes les nations, l'Espagne se

place publique; ils lâchent en même temps un grand nombre de
chiens qui attaquent l'animal de tous côtés, le mordent, le dé-
chirent, se pendent à sa queue, à ses oreilles, et lui arrachent
des morceaux de chair sanglante. Une demi-heure suffit aux
chiens pour mettre le taureau tout en écume et dans une fureur
extraordinaire. Alors un boucher s'en approche *à cheval*, et lui
donne un coup de lance dans la grosse veine du cou. Ce genre
de tuerie rend la viande la plus vilaine et la plus dégoûtante
qu'on puisse voir; mais on n'y regarde pas de si près, pourvu
qu'on jouisse d'un spectacle pour lequel on perd le boire et le
manger. » *Voyage en Espagne* du père LABAT, t. 1. p. 385.

(1) M. RONDELET, professeur de philosophie.

repaît de spectacles qui, vu leur inutilité, sont plus barbares que les combats livrés, dans l'antiquité païenne, aux bêtes féroces, parce que ces combats avaient pour but la destruction des races d'animaux nuisibles à l'homme. »

» Un jour, au cirque, le peuple de Constantinople demandait des athlètes pour combattre des bêtes féroces. L'empereur Théodore II qui était présent, se leva en s'écriant : « Romains, ne savez-vous donc » pas que là où nous sommes, il ne peut se passer » rien de cruel et d'inhumain ! » Et le peuple du Bas-Empire, si passionné pour les gigantesques massacres des arènes, se fit docile à la voix de son jeune empereur (1). Ces belles paroles, en traversant quatorze siècles, n'enseignent-elles pas aux rois, que ce n'est pas avec des jeux cruels qu'on *élève l'âme des nations !*

» Jamais Blanche de Castille, la plus magnifique intelligence dont s'honore le xiiie siècle, et dont le peuple disait qu'elle était la *bonne fortune de la France*, jamais Blanche de Castille ne permit que les spectacles sanglants de l'Espagne devinssent ceux de sa patrie adoptive !

» En 1667, Louis XIV supprima (2) *pour toujours* les courses de taureaux qu'un mauvais génie avait

(1) LEBEAU, *Histoire du Bas-Empire,* année 435.
(2) Par ordonnance du 27 février, datée de Saint-Germain en Laye.

introduites dans la ville de Beaucaire, par ces mo-
tifs *qu'il y arrivait de graves accidents et qu'il s'y
commettait beaucoup d'insolences.* Et lorsque Philippe, son petit-fils, fut appelé au trône d'Espagne (1),
ces courses n'obtinrent plus même à Madrid, qu'un
très-médiocre crédit. Enfin, le roi Don Louis de
Portugal a décidé, l'an dernier, qu'elles seraient
abolies dans toute l'étendue de son royaume.

» O vous, Madame, qui descendez de Louis XIV
par Philippe V, le fondateur de votre maison, imi-
tez notre grand roi : retranchez à jamais des ré-
jouissances publiques, ces cruels divertissements qui
furent importés par les Sarrasins victorieux dans
les mœurs des vaincus. Si la reine Isabelle Iʳᵉ eut la
gloire d'affranchir son peuple d'une domination
huit fois séculaire, vous aurez celle non moins
grande de prouver à la civilisation, qu'au sang des
Espagnols n'est plus aujourd'hui mêlé le sang des
barbares de la conquête.

» Daignez agréer, etc. »

Puisque nous avons porté nos pensées et nos
vœux vers l'Espagne, arrêtons-nous un instant sur
la route qui y conduit, et cherchons à savoir quelle
peut être la destination des marais ou plutôt des
cloaques creusés dans les environs de Bordeaux.

(1) En 1700.

Personne n'ignore que depuis quelques années, on s'est éperdument épris des saignées faites par les sangsues, à tel point que la France seule consomme annuellement plus de soixante millions de ces annélides. Et, comme la reproduction naturelle ne suffit pas à alimenter les besoins du commerce, des spéculateurs avides ont recours à des moyens factices : ils font l'*élève des sangsues* en jetant chaque année dans ces marais immondes, à la voracité des sangsues, de *dix-huit* à *vingt mille* chevaux *vivants !*

Pour arriver aux lieux infects de leurs tortures, les malheureux chevaux destinés au gorgement des sangsues, sont souvent obligés de faire un trajet de cinq à six jours, pendant lequel ils ne reçoivent aucune nourriture : et, comme leur fatigue et leur faiblesse sont extrêmes, et qu'ils ont peine à se soutenir, ils sont l'objet des traitements les plus sauvages.

Dès qu'ils ont été jetés dans les compartiments des marais, ils sont assaillis par des myriades de sangsues qui s'attachent à toutes les parties submergées de leur corps, les sucent jusqu'à satiété et n'abandonnent les plaies béantes qu'au profit d'une succession non interrompue de nouvelles annélides.

Tous les efforts que font les pauvres chevaux pour se débarrasser de leurs innombrables ennemis restent impuissants, et n'ont d'autre effet que d'attester le martyre que leur causent ces vampires.

Les chevaux qui résistent.à cet affreux supplice, sont après le *travail*, « conduits dans de maigres pâturages pour y refaire le sang qui leur a été enlevé. » Puis, on les ramène aux cloaques où les attend de nouveau la dévorante succion des sangsues. Cette alternative d'insuffisante réfection et d'énergique épuisement se renouvelle quinze à vingt fois du commencement d'avril jusqu'au 15 juin, et du commencement d'octobre jusqu'au milieu de novembre.

La campagne terminée, le cheval prend ses quartiers d'hiver dans des écuries spéciales où il est traité et nourri par les spéculateurs qui ne faisant nullement parade d'humanité, se garderaient bien d'entamer, pour le sustenter un peu, les bénéfices du cloaque, dont le chiffre dépasse, chaque année, six millions de francs.

Nous sortirions de notre cadre si nous parlions des maladies épidémiques qui déciment les populations rapprochées de ces marais d'où s'exhalent des miasmes pestilentiels produits par les cadavres des chevaux ensevelis dans la vase. Nous nous abstiendrons surtout de faire connaître les dangers auxquels sont exposés les malades qui font usage de sangsues gorgées par des chevaux trop souvent entachés d'épizooties ou de vices rédhibitoires. Mais nous affirmerons que l'alimentation des sangsues par les chevaux n'est plus qu'une odieuse spéculation, puisque les médecins préfèrent aux sangsues elles-mêmes, les *ventouses scarifiées* dont l'emploi est plus sûr, plus régulier et plus rationnel.

Ici, comme dans bien d'autres cas, l'homme est victime de sa cruauté !

Bien que les cruels procédés de l'*hirudiculture* (1) des marais à chevaux n'aient rien à démêler avec la science, il n'en est pas moins vrai que, dans la pratique, cette même science fait usage des *succuses* pour l'élevage desquelles sont torturés des milliers du *plus excellent des animaux.*

Mais il y a des savants qui sont affligés de la monomanie d'expérimenter sur la nature vivante dont ils font le plus odieux *gaspillage* (2). Ces faiseurs d'expériences, en disséquant les animaux vivants, dépassent tout ce que l'imagination peut inventer de plus cruel.

Tel est l'objet futile, tel est le résultat atroce de la VIVISECTION, qui signifie *couper vivant.*

De même que l'épée des préposés à la destruction en masse fait couler sur les champs de bataille, des flots de sang humain pour une idée souvent absurde, de même le scalpel des vivisecteurs soulève, sur le champ de la science, les plus effroyables mutilations, y répand les plus inimaginables douleurs, sous le prétexte fallacieux du soulagement hypothétique de quelques maladies qui pourront bien ne pas naître.

(1) Du latin *hirudo*, sangsue.
(2) Le docteur DUMONT.

Un homme dont le nom ne saurait être prononcé sans faire éprouver une profonde tristesse, *Magendie*, s'était constitué l'apôtre de la vivisection.

Quels progrès devons-nous à ses expérimentations sorties de toutes ses hécatombes sanglantes ? Aucun. « Magendie a sacrifié quatre mille chiens » pour établir, d'après Charles Bell, la distinction » des nerfs sensitifs et des nerfs moteurs ; puis il » en a sacrifié quatre mille autres pour prouver » qu'il s'était trompé (1). »

Entrons dans une des salles de l'école d'Alfort et, si vous en avez le courage, voyons à l'œuvre les apprentis vivisecteurs.

Six à sept chevaux sont mis à la disposition de plusieurs groupes d'élèves : le groupe se compose de huit jeunes opérateurs.

Dès qu'un cheval est livré à un groupe, chaque tourmenteur s'empresse de pratiquer les opérations portées au programme de l'école : les saignées aux veines du cou, le passage des sétons à travers les chairs, les blessures dans les différentes artères. Puis il coupe les muscles de la queue, ponctionne la vessie et fend les organes qui s'y rattachent. Voilà pour la première série !.... Pendant les quelques heures de repos que se donnent les carabins vétérinaires, le cheval reste debout, inondé de sang et de douleur. Quand le travail est repris, on couche

(1) M. FLOURENS. Citation du docteur BLATIN, page 201.

l'animal et on l'attache, parce que la seconde série des opérations pourrait provoquer des convulsions perturbatrices. Alors on arrache la corne des pieds, on coupe les nerfs aux quatre membres, on scie, on casse les os, on déchire la peau, on met le feu à presque toutes les parties du corps, etc., etc...

Les opérations sont si bien combinées que les huit élèves de chaque groupe peuvent faire soixante-quatre opérations sur un seul cheval, pendant dix heures. Après cette boucherie expérimentale, l'animal en lambeaux et respirant encore, attend, pendant de longues heures, le coup de grâce que doit lui donner un équarrisseur plus ou moins vigilant (1).

Eh ! qui donc, en présence de tant d'atrocités, ne se sent pas pressé de s'écrier avec une de nos célébrités médicales les plus autorisées : « Ce que » vous faites, et tel que vous le faites, est affreux » et immoral (2) ? »

Nous regrettons de ne pouvoir reproduire ici l'o-

(1) Les nombreux travaux de la Société protectrice, parmi lesquels nous nous empressons de signaler les remarquables mémoires du docteur Blatin, n'ont pas peu contribué à la réglementation toute récente de la vivisection. Les arrêtés du ministre de l'agriculture, en date des 23 février et 10 août 1867, réduisent les opérations au nombre de six et ordonnent que *l'animal sera tué par le procédé le plus prompt et le moins douloureux, immédiatement après qu'elles seront terminées.* — C'est le prélude de la suppression complète de la vivisection.

(2) Le docteur AMÉDÉE LATOUR, rédacteur en chef de *l'Union médicale.*

pinion de tous les illustres docteurs et publicistes qui flétrissent énergiquement des pratiques aussi contraires à l'humanité que dépourvues de raison et de justice ; mais nous publierons *in extenso* une lettre dont nous a honoré un des membres les plus éminents de l'Académie de médecine, un savant qui se distingue par les excellentes qualités de son cœur et de son esprit.

MONSIEUR,

Après une absence de plusieurs jours passés à la campagne, je trouve votre lettre datée du 5 courant, et je m'empresse d'y répondre.

Oui, Monsieur, croyez-le bien, et ne craignez pas de le proclamer très-haut, la vivisection, ainsi que j'ai pu le dire et l'écrire dans maintes occasions, et quelles que soient d'ailleurs, les prétentions de ses plus fervents adeptes, la vivisection n'est et ne peut être qu'une ÉCOLE NORMALE DE CRUAUTÉ.

Toutes les prétendues découvertes qu'elle a cru pouvoir s'attribuer (1), auraient pu se passer d'elle, car elles étaient acquises à la science par la simple observation physiologique et pathologique, éclairée des lumières de

(1) Dans un savant mémoire, que vient de couronner, le 28 juin 1863 en séance publique, la Société protectrice des animaux, de Paris, le docteur AUBRION de Montmirail prouve aussi que toutes les grandes découvertes médicales sont antérieures à l'invention de la vivisection. — Nous ajoutons que le célèbre Fagon, médecin de Louis XIII, qui en 1658, osa démontrer la circul ation du sang, que les vieux docteurs regardaient alors comme un paradoxe, n'eut jamais recours à la vivisection. C'est ce même Fagon qui s'est élevé contre l'usage du tabac, en soutenant, preuves en mains, que *frequens nicotianæ usus vitam abbreviat.*

l'anatomie nécroscopique; et c'est après les avoir passées en revue toutes sans exception, que j'ai pu me convaincre que la vivisection n'y avait pris d'autre part que celle d'un contrôle au moins superflu, et d'un bien triste luxe de démonstrations qu'on n'a pas craint d'introduire dans l'enseignement, par tous les genres de tortures infligés à des animaux sains et vivants, sans nécessité, sans pitié, comme s'il n'y avait pas là quelque chose qui tient de la férocité des cannibales.

Au point de vue de la pratique, c'est la déraison qui le dispute à la cruauté. On a osé dire que c'est dans l'intérêt de l'homme et des animaux mêmes que l'on peut justifier la vivisection, en ce qu'il faut exercer les élèves sur des animaux vivants pour les familiariser avec la nature humaine, en ce qu'il faut aussi *mutiler le vivant pour se faire humain*, pour opérer plus sûrement, plus adroitement, « tout comme il faut apprendre la sculpture » sur une pâte malléable avant de travailler sur le mar- » bre. »

De pareils arguments ne souffrent aucune objection et tombent d'eux-mêmes; vous les flétrirez d'un juste mépris, et cela vous sera facile.

C'est une belle et noble tâche que vous avez entreprise, Monsieur, et je ne puis assez vous en féliciter. C'est une bonne action que vous aurez accomplie dans l'œuvre que vous poursuivez, et croyez que je m'associe de cœur et d'âme au sentiment qui vous l'a inspirée; car je ne crains pas de vous le répéter au triple point de vue des progrès de la science, de l'enseignement et de la pratique de l'art : LA VIVISECTION NE PEUT ÊTRE QU'UNE ÉCOLE NORMALE DE CRUAUTÉ.

Veuillez agréer l'expression des sentiments
de vive sympathie, etc.

Le docteur P. JOLLY.

Paris, le 8 juin 1868.

Le cadre de cette conférence ne nous permettant pas de nous livrer à de plus amples développements, surtout après les nobles et chaleureuses appréciations du docteur Jolly, nous terminerons cette branche de nos cruautés par un rapprochement qui résume bien la valeur de la vivisection. A Rome, on avait institué des prêtres, nommés Aruspices, qui étaient chargés d'examiner, à l'autel, les entrailles palpitantes des victimes pour en tirer des présages. L'exécution des entreprises les plus importantes dépendait du caprice de ces Aruspices, dont la science n'était évidemment qu'une *pieuse* et *lucrative fourberie*.

Si, assure-t-on, deux Aruspices ne pouvaient se regarder sans rire, comment aujourd'hui, doivent se regarder ou comment doivent être regardés les gens qui prétendent saisir les mystères de la vie au milieu des convulsions et des perturbations de tous les organes outragés à la fois par des *puérilités scientifiques !*

La guerre est l'expression suprême du génie cruel et destructeur de l'homme. Ses désastres surpassent ceux que causent les bouleversements de la nature.

Faut-il croire, avec les poëtes que nous avons cités, que le cheval comprend et partage les passions belliqueuses qui animent les guerriers ? non : mais il est docile, imitateur et emporté par l'émulation.

Le sort des chevaux en campagne est affreux.
M. Decroix en a fait un tableau des plus lugubres.
Il raconte qu'à Balaclava (Crimée) pendant l'hiver
de 1854 à 1855, presque tous les chevaux périrent
de misère. — Le 23 juin 1859, à Solférino, l'armée
autrichienne se retire devant l'armée française. Les
chevaux sont massés sur la rive gauche du Mincio
où ils passent la nuit à faire un retour offensif.
Pendant la journée du lendemain, ils ont à suppor-
ter la chaleur, la faim, la soif et toutes les fatigues
des évolutions ; le soir, ils battent en retraite pour
fuir durant toute la nuit du 26, sans boire ni
manger.

De même que le ministre de l'agriculture ordonne
qu'après les vivisections, les chevaux soient ache-
vés sans délai, de même le ministre de la guerre
devrait bien exiger que les généraux fissent tuer
les chevaux mutilés qui restent plusieurs jours sur
les champs de bataille, sans pouvoir mourir. —
Quelquefois l'ennemi leur coupe les jarrets, comme
il encloue les canons, pour les mettre hors de service.

§ III.

Arrivés à la catégorie comprenant les travaux
d'utilité, nous ne sommes plus spectateurs d'atrocités à durée limitée, mais bien de cruautés et de
souffrances non interrompues qui commencent dès

que le cheval, après une courte jeunesse de deux ou trois ans, est mis en œuvre, et qui ne finissent que par une mort prématurée, due à la cruauté la plus violente et la plus insensée.

En voyant circuler chaque jour, sur la voie publique, des omnibus, des fiacres, des charrettes, des tombereaux, des voitures de déménagement, et, sur les rivières, des bateaux halés, personne ne se rend compte de tortures qui se produisent partout et toujours. — Les chevaux d'omnibus sont forcés d'arrêter nombre de fois, le lourd véhicule, alors qu'ils venaient d'être lancés vigoureusement. — Aux fiacres ne sont attelés que des chevaux vieux, infirmes et déformés par toutes les misères. Lorsqu'ils étaient jeunes et superbes, on leur donnait gîte splendide et nourriture abondante. Aujourd'hui, ils stationnent sur les places et dans les rues, le jour et la nuit, exposés à toutes les températures extrêmes, et réduits à une pitance insuffisante.

« On raconte l'histoire d'un célèbre cheval de course qui, après avoir passé de main en main, fut vendu vingt-cinq francs à un cocher de fiacre. Ce cheval avait rendu millionnaire le maître auquel il avait appartenu (1). » Que de nobles coursiers montés par des souverains sont également devenus, dans leur vieillesse, des chevaux de fiacre ou de tombereau. La Cour de Russie se montre plus juste

______

(1) Mme la comtesse de CORNEILLAN.

6

et plus reconnaissante envers ses serviteurs. Il existe, dans le parc de Tzaskoë-Selo, un Hôtel-Impérial des chevaux invalides. Ceux qui meurent sont enterrés dans un cimetière annexé à l'hôtel, et sont recouverts de pierres tumulaires qui indiquent leur nom, celui des souverains qui ont daigné les monter, et les batailles mémorables auxquelles ils ont pris part. — Quand les charrettes qui transportent d'énormes charges, tels que blocs de pierre, sont mal équilibrées, les chevaux peuvent être soulevés et étouffés, ou bien ils ont les reins brisés sous la pression de la dossière. — Vous qui admirez le nouveau Paris, si splendide, si merveilleux, vous êtes-vous inquiétés du nombre de chevaux morts pour avoir *enlevé* les tombereaux descendus dans les fouilles ? Pourtant un mot sévèrement prononcé eût empêché toutes ces brutalités qui nous révoltent et nous déshonorent, et les travaux n'en auraient pas été moins bien exécutés. — Les déménagements se font avec des chevaux qu'on soustrait pour quelques jours, au clos d'équarrissage. — Les coups leur tiennent lieu de nourriture. — Les chevaux de halage soumis à une traction oblique font des efforts extrêmement douloureux. Quelquefois ils sont entraînés dans les eaux, où ils se noyent.

Il nous faudrait écrire bien des pages pour compléter dans tous ses hideux détails, le martyrologe du cheval. Nous nous contenterons de rappeler nos CONSEILS aux cochers et aux charretiers, en faisant des

vœux toutefois, pour qu'on nous affranchisse enfin,
de la tyrannie du fouet, qui s'empare de toutes les
voies publiques, et qui y domine, la nuit et le jour, par
la force la plus brutale, par l'ignorance la plus gros-
sière, par l'ivresse la plus insolente, par les jurements
les plus éhontés et par les bruits les plus assourdis-
sants dont les charretiers ont seuls le privilége (1).

Pour reposer notre esprit fatigué de tant de turpitudes, écoutons, dans sa douce poésie, l'Arabe
au tombeau de son coursier (2) :

> Ce noble ami plus léger que les vents,
> Il dort couché sous les sables mouvants.
>
> O voyageur, partage ma tristesse !
> Mêle tes cris à mes cris superflus !
> Il est tombé, le roi de la vitesse :
> L'air des combats ne le réveille plus !
> Il est tombé dans l'éclat de sa course ;
> Le trait fatal a tremblé sur son flanc,
> Et des flots noirs de son généreux sang
> S'est altéré le cristal de la source.
>
> Du meurtrier j'ai puni l'insolence ;
> Sa tête horrible aussitôt a roulé ;
> J'ai dans son sang abreuvé cette lance,
> Et sous mes pieds je l'ai longtemps foulé ;
> Puis, contemplant mon coursier sans haleine,
> Morne et pensif je l'appelai trois fois !
> En vain hélas ! il fut sourd à ma voix....
> Et j'élevai sa tombe dans la plaine.

(1) En Suède, le fouet est défendu, et les chevaux n'en font
que mieux leur service.
(2) Millevoye.

Depuis ce jour, tourment de ma mémoire,
Nul doux soleil sur ma tête n'a lui.
Mort au plaisir, insensible à la gloire,
Dans le désert, je traine un long ennui.
Cette Arabie, autrefois tant aimée,
N'est plus pour moi qu'un immense tombeau.
On me voit fuir le sentier du chameau,
L'arbre d'encens, et la plaine embaumée.

Quand du midi le rayon nous dévore,
Il me guidait vers l'arbre hospitalier
A mes côtés il combattait le Maure,
Et sa poitrine était mon bouclier.
De mes travaux compagnon intrépide,
Fier et debout dès le réveil du jour,
Aux rendez-vous et de gloire et d'amour
Tu m'emportais semblable au vent rapide.

Tu vis souvent cette jeune Azéide,
Trésor d'amour, miracle de beauté.
Tu fus vanté par sa bouche perfide :
Ton cou nerveux de sa main fut flatté.
Moins douce était la timide gazelle ;
Des verts palmiers elle avait la fraîcheur.
Un beau Persan me déroba son cœur....
Elle partit.... tu me restas fidèle.

Ce noble ami plus léger que les vents,
Il dort couché sous les sables mouvants.

TROISIÈME PARTIE

SON UTILITÉ ALIMENTAIRE

> Malheureux, laisse en paix ton cheval
> vieillissant.   BOILEAU.

Si par la pensée nous groupons sous nos yeux, en les résumant, toutes les cruautés dont il vient d'être démontré que *ce noble ami, ce compagnon indispensable,* est la victime la plus tourmentée, chacun de nous se sentira irrésistiblement porté à rechercher les moyens les plus propres à diminuer tant de douleurs.

Aussi faut-il reconnaître que la Société protectrice, en *rendant* à la consommation alimentaire le cheval qui en avait été proscrit pendant plusieurs siècles, a atteint un double but. D'abord elle le soustrait aux tortures qui, sur ses derniers jours, augmentent au fur et à mesure que le *vieillard* passant par des mains de moins en moins intelligentes (1), s'affaiblit par des privations, par des

(1) Je vis un jour, tomber accablé par l'âge et par la faim, un cheval attelé à une charrette des *quatre-saisons*. Pour le remettre debout, le marchand le soulevait par la queue et lui don-

souffrances et par des travaux excessifs ; ensuite, elle en fait un précieux auxiliaire de la santé publique après la mort prompte et relativement peu douloureuse de l'animal.

N'est-il pas déjà prouvé que, du moment que les spéculateurs trouvent avantage à ménager et à *parer* le cheval pour l'alimentation, on lui accorde des jours de repos, soit dans de gras pâturages, soit dans des écuries où abonde une nourriture confortable?

Mais, dira-t-on, voulez-vous donc nous faire manger de vieux chevaux? La réponse sera faite, si vous le permettez, par un des plus grands hygiénistes contemporains. « Cette viande, a écrit le docteur Parent-Duchatelet en 1836, répare les forces et consolide la convalescence des malades : bien loin de déterminer des maladies, elle a fait disparaître une épidémie scorbutique (1). Et il n'est pas nécessaire-

---

nait des coups de pied. Je reprochai à cet homme sa cruauté. Il me répondit en ricanant stupidement : « Telle que vous la voyez, cette bête n'a plus de dents et n'a pas mangé depuis quatre jours. Ah ! si j'avais un bâton, je la ferais bien marcher encore, car il faut qu'elle *me gagne*, avant d'aller chez l'équarrisseur, les dix francs qu'elle m'a coûtés. » De semblables faits se reproduisent tous les jours et provoquent les grossiers quolibets des badauds. Combien il est à désirer que l'éducation populaire fasse disparaître de nos mœurs, cette brutalité aussi inepte que honteuse !

(1) Le célèbre baron Larrey a écrit qu'en Egypte au siége d'Alexandrie, en 1798, il se rendit maître du scorbut par la viande de cheval. « Je fus assez heureux pour fixer par mon exemple, une entière confiance sur cet aliment. Nos malades s'en trouvèrent fort bien, et j'ose vous dire que ce fut le principal moyen à l'aide duquel nous arrêtâmes les progrès de la maladie. »

saire pour cela que les animaux soient gras et qu'ils
n'aient jamais pâti : on peut aussi bien obtenir ces
bons effets avec des chevaux exténués par la faim et
réduits à une maigreur très grande. »

L'illustre Isid. Geoffroy Saint-Hilaire, dans son
traité sur *l'usage alimentaire de la viande de cheval*,
et le savant docteur N. Joly, professeur à la faculté
de Toulouse, proclament cette viande comme très
nourrissante et son bouillon *comme le meilleur peut-
être qu'on connaisse*. A ces autorités je ne crains
pas d'ajouter mon affirmation personnelle.

Les chimistes les plus éminents, parmi lesquels
nous citerons seulement MM. Chevreul, Regnard
... de la viande du
cheval ... ont reconnu et constaté que, par ses
principes constituants, elle a un titre supérieur à
celle du bœuf et, bien plus, qu'elle contient en plus
grande proportion, que la chair de bœuf, de la
créatine. Cette substance, découverte depuis quelques années par M. Chevreul, est considérée comme
jouant un très grand rôle dans les actions vitales (1).
Elle est tirée de l'extrait aqueux de la chair musculaire. On a trouvé, en outre, que cette viande
contient en plus grande quantité que les autres des
principes ferrugineux qui font qu'elle est plus nu-
tritive et plus salubre.

Après le grand banquet hippophagique, qui eut

(1) Le docteur Bodin, *De la viande de cheval*, p. 178.

lieu le 9 juillet 1866, nous écrivîmes les lignes suivantes : « Puisse un jour la viande de cheval appa-
» raître, comme dans l'antiquité, sur les tables les
» plus somptueuses de l'Empire ! A cet exemple
» imposant, elle obtiendrait, au profit de tous, la
» même faveur que la pomme de terre quand elle
» fut anoblie et démocratisée, en 1783, par une
» bouche royale. »

Comme nos vœux se réalisent chaque jour, nous
n'avons plus à nous occuper du préjugé qui, en
France, la faisait rejeter de la consommation ; et
puisque ce préjugé est à peu près vaincu (1), jetons
un regard vers le passé pour nous convaincre que
cette chair était en grand honneur chez les peuples
anciens.

Le mot *hippophage* n'est point de date récente.
Les auteurs nous apprennent que les Scythes avaient
reçu des Grecs le nom d'*hippophages*, parce qu'ils
se nourrissaient de la chair de leurs coursiers. On
sait que les Grecs appelaient *Scythes* ou Βαρβαροι
étrangers, tous les peuples qui ne parlaient pas pu-
rement la langue grecque.

(1) Indépendamment de l'ordonnance du préfet de police en
date du 9 juin 1866, qui réglemente la vente de la viande de
cheval, l'administration a recours à des moyens très-ingé-
nieux pour constater la qualité et *l'identité* de cette viande, à
son entrée dans Paris. C'est ce qui résulte d'une lettre fort inté-
ressante, que nous a écrite M. l'inspecteur, le 27 mai 1867, et
d'où nous avons tiré cette conséquence, que les autres viandes
n'offrent pas autant de garanties de surveillance.

Au reste, il est incontestable que les peuples guerriers qui avaient de la cavalerie, se nourrissaient de la viande de cheval, tandis que ceux qui n'en avaient pas ou peu, comme les Grecs et les peuples pasteurs, ne mangeaient que de la viande de bœuf; ce qui aurait dû, par réciprocité, leur valoir le surnom de Bosphages, de Βους φαγω.

Hérodote, qui vivait au IVe siècle avant l'ère chrétienne, raconte que les Perses, ces puissants dominateurs de l'Asie entière, célébraient, comme le plus important de la vie, le jour de la naissance. Ce jour-là, dit-il (*Histoire*, liv. I. Clio), on met plus de viandes sur la table qu'à l'ordinaire; aussi les riches y font-ils servir des bœufs, des chameaux, des CHEVAUX, et des ANES rôtis tout entiers; mais les pauvres ne fêtent ce grand jour qu'avec de petits animaux. » Chez les Massagètes (ces formidables guerriers qui, en 529 avant J. C., vainquirent les armées du fameux Cyrus, *roi soleil*, comme notre Louis XIV), les prêtres, nommés Mages, faisaient leurs délices de la chair de cheval. « C'est pourquoi, ajoute le même historien, ils aimaient à immoler le plus rapide de tous les animaux au SOLEIL, qui est le *plus rapide de tous les dieux*. »

Les Hébreux mangeaient du cheval. Nous voyons au chapitre VII du quatrième livre des Rois, que, pendant la guerre contre les Syriens, *presque tous les chevaux qui étaient dans Israël, furent mangés*.

Les Druides, ministres de la religion chez les Gaulois, nos ancêtres, faisaient, comme les Mages des Massagètes, leurs repas des chevaux offerts en sacrifice à leurs divinités. Ce fut pour détruire jusqu'au souvenir de leur religion, que le pape Grégoire III, en 732, déclara *immonde* la chair du cheval et défendit aux chrétiens d'en manger (1).

———

En terminant, faisons des vœux pour que l'homme, si ardent à trouver et à multiplier les engins de destruction, devienne, sous le souffle inspirateur de la civilisation, plus ingénieux encore à enlever à la mort qu'il répand partout, le cortége horrible des douleurs. La civilisation ne sera une vérité que quand il fera servir les forces de son intelligence à prévenir ou à diminuer jusqu'aux limites les plus extrêmes du possible, et dans toutes les sphères d'activité, cette pression cruelle qu'il exerce aveuglément sur les êtres animés. A l'œuvre donc, vous qui m'avez écouté, vous qui m'avez lu !

(1) *Histoire ecclésiastique* de l'abbé Fleury, t. IX, liv. 42, § 10. — Keysler, *Antiquitates celticæ.* — Le docteur Borie, p. 569.

FIN

TABLE

~~~~~~

Imp. L. Toinon et Cie, à St-Germain.
~~~~~~

AVIS

AUX AMIS DE LA PROTECTION

La Société protectrice des animaux, déclarée d'utilité publique par décret impérial du 22 décembre 1860, ne limite pas son action à la stricte application de la loi Grammont. Non-seulement elle s'efforce de prévenir les contraventions par la persuasion, mais surtout elle moralise les masses en décernant chaque année, en séance solennelle et publique, des récompenses:

1° Aux auteurs de publications utiles à la propagation de son œuvre;

2° Aux instituteurs qui enseignent les idées protectrices;

3° Aux inventeurs et propagateurs d'appareils propres à diminuer les souffrances des animaux ou à faciliter leur travail;

4° Aux agents de la force publique qui ont fait respecter la loi;

5° Enfin à tous les propagateurs de l'œuvre, et à toute personne ayant fait preuve, à un haut degré, de justice et de compassion envers les animaux.

Les Auteurs ou Inventeurs devront envoyer, avant le 1er juin, au secrétaire de la Société, rue de Lille, 34, à Paris, un exemplaire de leur œuvre, ou un modèle de leur appareil. — Les Instituteurs, un certificat du maire et de l'un des délégués cantonaux ou de l'inspecteur de l'instruction primaire. — Les Gens de service, les Bergers, les Serviteurs dans les fermes, les Conducteurs de bestiaux, les Cochers, Charretiers, Palefreniers, Garçons bouchers, fourniront: 1° un certificat de bonnes vie et mœurs; 2° une demande exposant leurs titres aux récompenses et portant la signature légalisée de deux personnes notables.

9 782019 223908